◎ 灾害风险防控与应急管理译丛

INVESTING IN URBAN RESILIENCE

PROTECTING AND PROMOTING DEVELOPMENT IN A CHANGING WORLD

投资城市韧弹性：
适应世界变化、保护和促进发展

 世界银行　　 全球减灾与恢复基金　　著

中国地震局发展研究中心　译

地震出版社

图书在版编目（CIP）数据

投资城市韧弹性：适应世界变化、保护和促进发展 /
世界银行，全球减灾与恢复基金著；中国地震局发展研究中心译 . — 北京：
地震出版社，2019.5

　　书名原文：Investing in Urban Resilience：Protecting and Promoting Development in a
Changing World

　　ISBN 978-7-5028-5036-4

　　Ⅰ . ①投 … Ⅱ . ①世 … ②全 … ③中 … Ⅲ . ①城市 — 灾害防治 —
研究　Ⅳ . ① X4

　　中国版本图书馆 CIP 数据核字（2019）第 053766 号

INVESTING IN URBAN RESILIENCE: Protecting and Promoting Development in a Changing World Copyright©2015 by International Bank for Reconstruction and
Development/The World Bank.
《投资城市韧弹性：适应世界变化、保护和促进发展》2019 年版权所有 © 国际复兴开发银行 / 世界银行

This work was originally published by The World Bank in English as *INVESTING IN URBAN RESILIENCE: Protecting and Promoting Development in a Changing World* in
2015. This Chinese translation was arranged by the Development Research Center of China Earthquake Administration (DRCCEA). DRCCEA is responsible the quality of the
translation. In case of any discrepancies, the original language will govern.
本书原版由世界银行以英文出版，书名为 *INVESTING IN URBAN RESILIENCE: Protecting and Promoting Development in a Changing World* in 2015，中文译文由中国地
震局发展研究中心提供，中国地震局发展研究中心对译文的质量负责。本书中文版与英文版如有任何差异，以英文版为准。

地震版　　XM4329

投资城市韧弹性：适应世界变化、保护和促进发展

世界银行　　全球减灾与恢复基金　　著

中国地震局发展研究中心　　译

责任编辑：樊　钰

责任校对：刘　丽

出版发行：地震出版社

　　　　　北京市海淀区民族大学南路 9 号　　　邮编：100081

　　　　　发行部：68423031　68467993　　　传真：88421706

　　　　　门市部：68467991　　　　　　　　传真：68467991

　　　　　总编室：68462709　68423029　　　传真：68455221

　　　　　http://seismologicalpress.com

经销：全国各地新华书店

印刷：北京地大彩印有限公司

版（印）次：2019 年 5 月第一版　2019 年 5 月第一次印刷

开本：787×1092　1/16

字数：138 千字

印张：11

书号：ISBN 978-7-5028-5036-4/X（5752）

定价：78.00 元

■ 译丛前言

随着我国社会经济快速发展，地震、滑坡、洪水和台风等重大自然灾害所造成的冲击和影响越来越严重。重大自然灾害事件是影响国家长治久安和安全发展的重大风险源，它不仅会造成重大人员伤亡和巨大经济损失，而且会影响经济可持续发展，影响社会秩序。重大自然灾害多发是我国基本国情。京津冀协同发展区域、长三角城市群及长江经济带、港珠澳超级城市群和众多的省会城市均处于重大自然灾害风险非常高的区域。迅速提升重大自然灾害事件应对能力和风险防范能力已经成为当务之急。习近平总书记在唐山大地震40周年之际视察唐山时发表重要讲话，揭开了我国防灾减灾救灾的新篇章，明确提出坚持以防为主、防抗救相结合，坚持常态减灾和非常态救灾相统一，努力实现从注重灾后救助向注重灾前预防转变，从应对单一灾种向综合减灾转变，从减少灾害损失向减轻灾害风险转变，全面提升全社会抵御自然灾害的综合防范能力。2018年10月10日，习近平总书记主持召开中央财经委第三次会议，对提高自然灾害防治能力进行专门部署，深刻阐述提高自然灾害防治能力的重大意义、工作方针、指导思想、基本原则和重点任务。习近平总书记的重要讲话是做好防灾减灾救灾工作的强大思想武器和科学行动指南。党的十九届三中全会和十三届全国人大一次会议，作出了党和国家机构改革的重大部署，组建了应急管理部，整合优化应急力量和资源，推动形成统一指挥、专常兼备、反应灵敏、上下联动、平战结合的中国特色应急管理体制，提高防灾减灾救灾能力，确保人民群众生命财产安全和社会稳定。这是我国防震减灾体制机制的重大变革，是推进国家治理体系和治理能力现代化的重大举措，对提高我国综合防灾减灾救灾能力、推进新时代防震减灾事业现代化建设具有重大而深远的意义。

由高孟潭研究员等负责选题策划的"灾害风险防控与应急管理译丛"（以下简称"译丛"）密切关注国际相关动态，翻译或编译出版国际上有关重大自然灾害风险防控、灾害韧弹性和应急备灾的研究报告、重大计划实施进展报告、政府白皮书和著名学者论著，是一件很有意义的工作。"译丛"适合于政府管理部门、科研院所、从事自然灾害防抗救工作人员以及广大公众阅读，可为我国政府公共政策制定、重大自然灾害应急备灾管理和广大学者开展自然灾害研究提供参考。我很高兴看到"译丛"的出版，特写下以上几句感想，向读者热忱推介这套"译丛"。

陈运泰

■ 译者的话

随着城市化进程的明显加快，城市人口、功能和规模不断扩大，城市这个开放的复杂系统面临的不确定性因素和未知风险也在不断增加。气候的持续变化以及城市贫困人口越来越多，各类灾害的不利影响在加剧。如何提高城市面对不确定性因素的抵御力、恢复力和适应力，发展韧弹性城市已经引起世界各国及其重要部门的重大关注。

为了消除贫困，减缓和适应气候变化导致的灾害，促进城市成为创造就业和经济增长的引擎，世界银行与各国政府展开合作，组织城市韧弹性领域的高水平专家，编写发布了《投资城市韧弹性：适应世界变化、保护和促进发展》。该书探讨了城市及其居民在抵御自然灾害和气候变化方面增加投资的理由，指导并帮助他们应对更广泛的冲击和压力。重点围绕以下问题进行探讨：我们为什么关注城市韧弹性，城市韧弹性对城市贫困人口的重要性，投资城市韧弹性的需求和障碍，以及世界银行如何帮助城市和城市贫困人口提升韧弹性。

该书对我国当前发展具有重要借鉴和现实意义，经高孟潭研究员力荐，将其译成中文版本，由地震出版社出版，以飨读者。参与本书翻译工作的人员：张振霞负责翻译摘要、致谢和第1章；刘红帅负责翻译第2章和第3章；贾路路负责翻译第4章；董丽娜负责翻译附件1、2、3；魏晓宇负责翻译附件4和尾注。全书由张振霞统稿，高孟潭研究员定稿。

本书既可为防灾减灾救灾政策制定提供参考，亦可供从事防灾减灾救灾相关领域的专业人员和实际操作人员参考。

本书的版权引进、翻译和出版得到了世界银行、全球减灾与恢复基金、地震出版社、中国地震局地球物理研究所的大力支持。在此，译者向原著者及为本书出版提供支持和帮助的单位、个人表示衷心的感谢。

由于译者水平有限，难免有疏漏和错误之处，敬请读者批评指正。

译者

2019 年 4 月

■ 致　谢

本报告基于 David Satterthwaite（IIED 高级研究员）、Christopher J. Chung（GFDRR 灾害风险管理专家）、Puja Guha、Swati Sachdeva 与 Akshatvishal Rohitshyam Chaturvedi（顾问）等人提供的材料，由 Valerie-Joy Santos（GSURR 高级城市专家）与 Josef Leitmann（GFDRR 首席灾害风险管理专家）共同执笔撰写。特别感谢 Jorgelina Hardoy、Gustavo Pandiella、Cassidy Johnson、Sarah Colenbrander、Diane Archer、Donald Brown 与 Maria Evangelina Filippi（IIED）为第 2 章内容提供的意见。Stephane Hallegatte（GCCPT 高级经济学家）与 Julie Rozenberg（GCCPT 经济学家）提供了第 2 章中城市受到冲击影响的相关数据，感谢 Sarah Colenbrander（LLED）主导了该数据的分析。

本报告的编写还得到了以下人员的指导：Ede Jorge Ijjasz-Vasquez（GSURR 高级总监）、Sameh Naguib Wahba（GSURR 总监）、Senait Nigiru Assefa（GSUGL 实践部主任）以及 Francis Ghesquiere（GFDRR 主任）。作者还要感谢以下人员为本报告提供的宝贵意见，他们包括内部同行审稿人：Stephen Hammer（GCCPT 主任）、Maria Angelica Sotomayor（GSURR 首席经济学家）、Catherine Lynch（GSUGL 高级城市专家）、Niels B. Holm-Nielsen（GSURR 首席灾害风险管理专家）、Stephane Hallegatte（GCCPT 高级经济学家）、Friedemann Roy（IFC 高级房屋金融专员）、Lisa Da Silva（IFC 首席投资官）、Thierno Habib Hann（IFC 高级房屋金融专员）、William Britt Gwinner（IFC 首席运营官）、Giridhar

Srinivasan（CDPPR 高级运营官）、Edmond Mjekiqi（CRKDR 战略官）、Ranjan Bose（GSU08 高级顾问）；外部同行审稿人：Omar Siddique（城市联盟）、Patricio Zambrano Barragan（IADB）、Esteban Leon 与 Lisa Smyth（联合国人居署）、Leah Flax（100 座韧弹性城市项目）以及 Neil Walmsley（C40）。

本报告还受益于两次国际磋商会议提供的意见。第一次会议是国际地方政府环境行动理事会（ICLEI）2016 年 7 月 8 日在德国波恩举行的"2016 年韧弹性城市大会"，第二次会议是国际应急管理学会 2016 年 9 月 13 日在美国圣地亚哥举行的 2016 年会"大城市应急韧弹性创新和城市规划"。

我们感谢 Lemonly 的团队，包括 Tess Wentworth（项目经理）为本书提供设计与布局，以及 Nicholas Paul 的校对与编辑服务。

我们还要感谢 Shaela Rahman（GFDRR 高级联络官）、Kristyn Schrader-King（GSURR 高级联络官）及其团队成员 Devan Julia Kreisberg、Vittoria Franchini 和 Swati Sachdeva 对第三届世界人居大会的各类交流结果（包括本书）提供的协调与支持服务。

我们特别要感谢以下人员在其采访过程中提供的宝贵意见与建议：Lisa Da Silva（IFC，CNGWM 首席投资官）、Enrique Pantoja（OPsPQ 运营顾问）、Stephane Hallegatte（GCCPT 高级经济学家）、Thomas Moullier（GTCIC 高级监管专家）、Janina Franco（GEE04 高级能源专家）、Olga Calabozo Garrido（MIGA，MIGOP 保险商）、Aditi Maheshwari（IFC，CBDPT 政策专员）、Roger Gorham（GTI04 运输经济学家）、Joel Kolker（GWAGP 首席供水与卫生专家）、Glenn Pearce-Oroz（GWA01 首席供水与卫生专家）、Maria Angelica Sotomayor（GSURR 首席经济学家）、Luiz T. A. Maurer（IFC 首席行业专家）、

Montserrat Meiro-Lorenzo（GCCPT 高级公共卫生专家）、Russell A. Muir（IFC）、Daniel Pulido（GTIDR 高级基础设施专家）、Georges Bianco Darido（GTIDR 首席城市交通专家）、Vladimir Stenek（CBDRR 高级气候变化专家）以及 Sajid Anwar（FDRR 灾害风险管理分析师）。我们衷心感谢 Catherine Lynch（GSUGL 高级城市专家）、Rebecca Ann Soares（GFDRR 灾害风险管理组合研究分析师）与 Jared Phillip Mercandante（GFDRR 灾害风险管理分析师）对组合评估提供的宝贵意见和支持。

最后，作者还要感谢全球减灾与恢复基金（GFDRR）与社会、城市、农村和灾害风险管理全球发展实践局（GSURR）的慷慨资助与支持。

著者

■ 缩略词

AAL	年度平均损失
APL	可调整计划贷款
AMS	资产管理系统
CDD	社区主导型发展
CFR	韧弹性守则
COP	缔约方大会
CAFF	气候适应融资措施
CAT-DDO	具有巨灾延迟提款选项的发展政策性贷款
CERC	应急响应基金
CIF	气候投资基金
CPFS	国家伙伴关系框架
CRW	危机响应窗口
DBR	营商环境报告
DPL	发展政策性贷款
DRM	灾害风险管理
ERL	紧急重建贷款
EMDES	新兴市场和发展中经济体
ESMID	有效证券市场制度发展

GDP	国内生产总值
GEMLOC	全球新兴市场本币债券计划
GFDRR	全球减灾与恢复基金
GSURR	世界银行社会、城市、农村和灾害风险管理全球发展实践局
GIF	全球基础设施基金
GIIF	全球指数保险基金
HFA	兵库行动框架
HIPC	高负债贫困国家
ICR	包容性社区韧弹性
IDA	国际开发协会
IDB	美洲开发银行
IIED	国际环境与发展研究所
IFC	国际金融公司
IFFIM	国际免疫筹资措施
IPF	投资项目融资
ODA	政府发展援助
MCUR	麦德林城市韧弹性合作组织
MCPP	托管合作贷款组合计划
MDB	多边开发银行
MIGA	多边投资担保机构
NHFO	不履行金融债务

NHSFO	主权债务不履行保险
PFORR	成果导向型项目贷款
PCF	原型碳基金
PCG	部分信用担保
PPIAF	公共私营基础设施咨询机构
PPP	政府和社会资本合作
R2D2	共同应对灾害
SCD	系统性国别诊断
SDGS	可持续发展目标
SEC	证券交易委员会
SIDA	瑞典国际发展合作署
SIL	专项投资贷款
SISRI	小岛屿国家韧弹性倡议
SMES	中小型企业
SNTA	地方技术援助方案
SSN	社会保障
TA	技术援助
WBG	世界银行集团

目 录

摘　要

城市是世界经济增长的引擎，创造了 80% 以上的全球 GDP[1]。增强全球城市韧弹性是可持续发展与实现世界银行集团结束极端贫困和促进共同繁荣的双重目标的关键因素。在本书中，"韧弹性"被定义为一个系统、实体、社区或个人适应各种不断变化条件、承受冲击同时仍保持其基本功能的能力（世界银行，2014a）。韧弹性也是在人、经济和环境之间存在的各种风险之中学习生存（Zolli，2012）。随着气候持续变化以及城市贫困人口越来越多，灾害不利影响加剧，发展韧弹性城市变得更加重要。本书阐述在城市及其居民抵御自然灾害和气候变化方面增加投资的理由，确认这将帮助他们应对更广泛的冲击和压力。不投资城市韧弹性将威胁经济增长，与此同时，也可能抵消在减少贫困方面已经取得的成果。

世界银行集团等各大机构逐渐以更有效的方式与城市政府展开合作，以消除贫困，减缓和适应气候变化与减轻灾害风险，并促进城市成为创造就业和经济增长的引擎。

然而，满足发展中国家城市的韧弹性融资需求将远远超过所有多边发展融资机构的资源总和。私营部门在投资全球城市的韧弹性领域有很大需求和机会。世界银行集团拥有技术、专业知识和经验，能够支持和利用私营部门资本进行城市韧弹性投资。

目的和结构。本书旨在强调投资于低收入和中等收入国家城市韧弹性的必要性和潜力[2]。实现方式如下：

　　◉ 解释国际发展界应该关注提升发展中国家城市韧弹性的原因（第 1 章）；

　　◉ 理解冲击和压力不成比例地影响城市贫困人口的原因（第 2 章）；

　　◉ 识别融资需求和需要克服的障碍（第 3 章）；

　　◉ 为世界银行集团如何促进更多公共和私营部门投资于城市韧弹性设定愿景（第 4 章）。本书的读者包括发展中国家脆弱城市的利益相关方、城市韧弹性的潜在投资者以及致力于提高城市韧弹性的现有和未来合作伙伴。

我们为什么要关注城市韧弹性

　　近年来，与自然灾害相关的损失大幅增加。

　　随着全球人口增长和发展中国家的快速城市化，预计这些趋势将变得更加明显，有可能丧失来之不易的发展成果。到 2030 年，3.25 亿赤贫人口[3]将生活在最容易遭受灾害的 49 个国家之中（Shepherd et al.，2013）。

　　与此同时，世界也在迅速城市化。

　　城市地区人口以每周 140 万人的速率不断地增加（联合国经社部，2014）。预计到 2030 年，在转为城市用地的土地中，仍有超过 60% 的土地有待开发（联合国国际减灾署，2015）。此外，到 2060 年，需要建造近 10 亿个新的住房单元才能容纳不断增长的世界人口（Bilham，2009）。大部分增长将发生在发展中国家；预计到 2050 年，撒哈拉以南非洲和亚洲将有 90% 的城市空间增长（联合国经社部，2014）。现在做出的关于城市基础设施、建筑和土地用途投资的决定将对未来发展成果产生巨大影响，并且在避免城市受困于不可持续的发展道路方面——可能使城市面临日益激烈和频繁的冲击与压力——发挥重要作用。

城市居民和资产越来越高地受到灾害性事件的影响。居民及企业与其资产越来越集中在城市，其福祉更加依赖于基础设施网络、通信系统、供应链和公共设施。这些高度依赖和相互关联系统的自然和人为破坏可能严重影响一个城市满足其公民最基本需求的能力，并且随着连锁故障的发生，可能成为高效和相互关联

网络的致命弱点。快速和无计划的城市化是特殊的风险驱动因素：因为开发成本较低，山坡、洪泛平原或塌陷地等高风险地区开发通常不受控制，这些危险区域容易成为贫困人口和弱势群体的定居点。通常来说，最无力管理和适应与气候变化相关的更高灾害脆弱性和不断变化条件的国家对这些影响感受最深。

灾害和气候变化的不利影响在城市中感受最为强烈。城市是发展中国家经济发展和社会进步的驱动力，也是世界上许多贫困人口的家园。财富和脆弱性的集中会带来如下代价。

（1）灾害造成的经济损失越来越大：由于城市基础设施的投资需求，建筑环境灾害造成的全球年度平均损失（AAL）估计达到3140亿美元，到2030年可能增加到4150亿美元（联合国国际减灾署，2015a）。这个估算值比较低，因为它不包括热带气旋、地震、海啸和洪水以外威胁的影响，例如社会、经济冲击和压力的影响。

（2）对城市贫困人口造成不成比例的更大影响：不投资于城市韧弹性将对城市贫困人口产生重大不利影响。灾害和气候变化的影响（例如食品价格上涨）可能抵消许多发展成果，致使数千万城市居民重新陷入贫困。

（3）变化的海岸线的影响：气候变化的影响在不同城市地区将会以不同方式表现出来。潮汐区以及土地下沉区域的城市将面临特别影响。例如，如在适应和风险管理方面无进一步投资，则由于海平面上升和土地沉陷，到2050年，136个大型沿海城市每年的损失可能高达1万亿美元甚至更多（Hallegatte S，2013）。

（4）影响全球化：最后，当地事件的影响可能会产生全球影响。例如，世界某个角落的作物歉收可能会导致另一个角落的政治不稳定，而一个城市发生洪灾可能会破坏全球关键产品的供应链。

但这种悲观的情况并非不可避免。在接下来的 15 年中，每年对适当的灾害风险管理战略投资 60 亿美元，可使总体风险降低 3600 亿美元（联合国国际减灾署，2015a）。如果所有国家都实施"韧弹性一揽子计划"，所得收益相当于国民收入每年增加数十亿美元 *。该一揽子计划将包括提升金融包容性、开发灾害保险、扩大社会保护和安全网，增加应急资金和储备资金的覆盖面以及普遍建立早期预警系统。

城市和投资者均有机会应对城市韧弹性的挑战。积极投资于韧弹性项目——在灾难性事件发生之前——代表传统发展趋势的战略转变；在传统发展趋势下，投资主要被用于灾后恢复和重建。国际社会最近开始认识到城市韧弹性挑战的重要性，并为此采取了若干举措，体现在了《仙台减轻灾害风险框架》（2015 年 3 月）、《联合国可持续发展目标》（2015 年 9 月）、《第 21 届气候变化缔约方大会》（2015 年 12 月）和《新城市议程》（2016 年 10 月）等文件中。与此同时，世界银行集团的任务是通过其气候变化行动计划、城市战略和措施投资城市韧弹性项目，将灾害风险管理纳入主流之中。

为什么韧弹性对城市贫困人口极为重要

城市韧弹性与贫困之间的联系日益显著。贫困正呈现出城市化趋势，城市贫困人口（尤其是非正式定居点的贫困人口）正面临越来越严重的生命、健康和生计风险。据估计，2014 年超过 8.8 亿城市居民生活在贫困人口窟，比 2000 年增加了 11%。从区域来看，南亚 30% 以上的城市居民和撒哈拉以南非洲地区近60% 的城市居民均生活在贫困人口窟（联合国人居署，2016b）。通常情况下，贫

---

* 译者注：数字可能有误，建议引用时先咨询作者。

困人口窟基础设施和服务水平低下，因而更容易遭受各种灾害。此外，大多数境内流离失所者和难民越来越多地聚集于城市中，他们属于弱势人群的特殊阶层。

城市贫困人口面临的风险源自于其经济基础有限、地理位置不佳、难以获得风险基础设施与服务以及治理和灾害风险管理不足等。首先，城市贫困人口往往负担不起安全住房，缺乏应对冲击和压力的资本。其次，许多贫困社区位于危险地带或其附近，这给其居民带来沉重代价。再次，贫穷社区通常缺乏基本的基础设施和服务，难以充分降低自然灾害和人为风险。从这个意义上来说，城市贫困人口的韧弹性与政府治理质量、适当规划和管理公共基础设施的能力密不可分，这些是降低低收入居民所面临风险的必要措施。最后，灾害风险管理要求地方政府融入面临风险的家庭和社区，特别是需要考虑城市贫困人口的具体关切问题。

如果不投资于城市韧弹性，那么数百万人将重新陷入贫困，从而抵消发展成果。到 2030 年，在显著气候影响和经济增长不公平的情况下，多达 7700 万城市居民可能重新陷入贫困。这是基于 1.25 美元贫困线的保守估计，该贫困线适用于美国各州，并且通常低估了城市的贫困程度。城市贫困加剧的主要驱动因素是食品价格上涨以及与水传播疾病增加有关的成本。由于气候变化而新增的城市贫困人口将大部分集中在南亚和撒哈拉以南非洲的城镇。

投资城市韧弹性的需求和障碍是什么

投资城市韧弹性需要大量资金。全球对城市基础设施投资的需求每年为 4.5 万亿 ~ 5.4 万亿美元，预计需要 9% ~ 27% 的额外投资才能使基础设施具有低排放性和气候韧弹性（CCFLA，2015）。其中大部分需求来自于发展中国家的城市。例如在撒哈拉以南非洲，基础设施支出需求（包括资本、运营和维护）对 GDP 的占比从脆弱低收入国家的 37% 到中等收入国家的 10% 不等（Briceño-Garmendia et al.，2008）。

然而在私人资本向新投资转移方面存在主要障碍。有观点认为，发展中国家的城市"只需要进入全球资本市场"来获得韧弹性的投资，但这一观点没有认识到，许多城市受其他因素的制约，其获得气候适应贷款或其他城市基础设施投资的机会更少。

（1）政府能力不足——制约因素包括：无法规划和实施韧弹性投资；无法获得足够的收入来履行现有义务和维持现有项目，对城市信誉产生不利影响；国家法律和监管制度阻碍私人投资；政治不确定性；基础设施发展的一般性挑战。

（2）私营部门缺乏信心——这涉及一些治理制约因素（金融监管和复杂性，包括腐败在内的政策环境、政治不确定性、缺乏可融资提案）以及缺乏数据和标准来衡量资产绩效。

（3）项目准备方面的挑战——政府在项目确定和准备方面经验有限，以及用于项目准备的资源有限——这意味着向投资者提供发展良好、可融资城市基础设施和韧弹性项目的渠道有限。

（4）融资挑战——问题涉及：城市对政府间转移的依赖，为投资筹集资金的能力低，以及为当地企业家和中小企业提供的资金有限。发展中国家的城市也很难筹集资源来满足投资需求，有时也很难为公共服务持续提供资金，究其原因，是没有托管基金、当地收入来源有限以及缺乏信誉。

世界银行集团可以帮助解决这些制约因素，刺激私人资本、机构投资者、捐助者资助与融资、主权财富基金和其他多边开发银行的投资。在克服障碍方面,相关支持包括向各级政府提供技术援助,以增加其自有收入,改善财政管理,提高信誉,改善资本投资规划,并推出适合投资者即时投资的项目。风险缓解的负担超出了世界银行集团、政府或城市独自承担的能力。由于这个缘故,世界银行集团可以在基础设施投资价值链的下游、中游和上游利用第三方融资来发挥关键作用(Levy,2016)。下游行动包括促进项目运行环境的积极变化,改善争端解决机制,促进和发展当地前期开发融资、降低风险和风险分担措施的能力,以及通过数据平台或中心实现项目信息的标准化和共享。中游行动可能包括改善投资的财务业绩,为韧弹性的增量成本提供资金,并鼓励使用创新的融资技术,即利用不同的金融资源(例如担保、商业融资和再融资、养老金和主权财富基金)。上游有益工作包括通过更复杂的规划、开发和传播固定收入基础设施指数等工具,对将气候风险和适应性纳入"传统"基础设施的项目提供支持,同时理解监管约束和资产管理人及其委任人的信托责任。初步结果令人鼓舞,多边开发银行在气候相关投资上所投入的每1美元均吸引到了3美元的私人资金。

世界银行集团如何帮助城市和城市贫困人口提升韧弹性

世界银行集团凭借丰富经验、广泛的内部金融和技术专业知识以及独特的召集能力,能够在全球范围内扩大城市韧弹性投资。截至目前,世界银行已在130个国家的7000多个城镇开展工作,在过去5年中,已通过900多个与气候相关的项目投资500多亿美元,并且每年投资50多亿美元用于灾害风险管理。在过去5年中,城市韧弹性项目的核心投资已涉及41个国家的79个项目,年均支出近20亿美元(见附件2)。最后,世界银行集团与私人投资者、了解所面临挑战的规模和时间范围的国家政府和地方政府开展合作,展现出越来越强的跨部门合作协调能力。世界银行利用这一平台，支持改善政策环境，利用资源，以及运用全球知识——所有这些对于帮助城市政府确定、准备和实施城市韧弹性投资而言均至关重要。

世界银行集团拥有强大的融资产品和服务，可帮助城市和城市贫困人口提升韧弹性。世界银行目前的城市战略围绕五个主题领域制定，其中之一是将扶贫政策作为城市工作重点。世界银行集团可以通过一系列现有措施进一步为所需私人资本的利用提供帮助，这些措施可以识别风险、提供缓解方案，并促进家庭、社区、城市和国家层面的投资。这些措施与分析手段和方法、政策对话、改革框架以及跨部门工作程序（见附件3）等城市韧弹性支持服务互为补充。重要的是，由于城市韧弹性投资不仅需要大量资本，还需要前瞻性的长期规划，而世界银行集团（以及其他多边发展金融机构）具有独特的优势，能够以所需的财政和技术来支持富有远见的城市领导，这种支持不仅可以持续数年，也可以持续数十年。

拥有拓展城市韧弹性投资方面的具体机会。通过共同筹资、贷款、担保和其他风险管理工具的战略性扩展以及优惠融资利用私营部门融资。经拓展，韧弹性城市计划旨在募集5000亿美元私人资本来资助500个城市的韧弹性项目，使5000万人摆脱贫困，并在未来20年里惠及10亿人。该计划支持400多个世界银行工作团队与城市相互合作，以更好地应对城市韧弹性投资的需求。世界银行集团气候变化行动计划所支持的城市工作将给予补充。世界银行已经与十多个外部和内部伙伴建立合作关系，这对实现这些宏伟目标至关重要（见附件4）。通过将城市韧弹性项目纳入正式的业务范围，世界银行集团可以拓展其资金提供的能力，利用公共和私营部门的资源，支持更佳政策，加强伙伴关系，开发和分享提升城市和城市贫困人口韧弹性所需的知识。

第1章 我们为什么关注城市韧弹性

1.1 城市韧弹性定义

城市韧弹性 (Rsilience) 有许多定义，其中大多数考虑了对城市可能出现的各种冲击和压力进行管理的能力。虽然并无标准定义，但是附件1列示现有定义。在本书中，"韧弹性"被定义为一个系统、实体、社区或个人适应各种不断变化条件、承受冲击同时仍保持其基本功能的能力（世界银行，2014a）。值得注意的是，韧弹性是指系统在经历不可预测的破坏性事件（自然灾害或人为破坏）之后保持或快速恢复所需功能的能力。该能力包括避免冲击和管理风险的能力。特别指改变系统以维持和快速恢复必要功能的能力，这种系统变化应继承当前的适应能力并考虑未来的适应能力。还必须综合考虑与权衡，以实现减少损失可能性和增加潜在利益的"双赢"局面（世界银行，2014a）[2]。

韧弹性投资有助于保持长期可持续性，确保当前发展成果为子孙后代提供保障。

发展城市韧弹性的这种方法可见贝鲁特的案例研究（见案例 1.1）。

案例 1.1：贝鲁特面临一系列广泛的冲击和压力

　　黎巴嫩有一半以上的人口居住在贝鲁特，该城市正在迅速发展，同时培育出强大而充满活力的私营部门。与此同时，该城市面临越来越多的风险，它们来自气候变化、自然灾害（如洪水、大地震和震后海啸）、难民、大规模移民以及恶劣的空气质量等。反复出现的社会、经济和政治冲击事件进一步挑战着城市的可持续发展。对此，贝鲁特市政当局在世界银行的支持下启动了贝鲁特城市韧弹性项目。该项目将制定一项总体计划，使城市具备更好的应对当前和未来的挑战能力，并将作为其承诺的第一步，以实施一系列多部门举措和支持城市韧弹性的有效增强。该项目已于 2015 年 12 月启动，主要内容包括：①进行全面城市诊断，确定城市所面临的各种冲击和压力，并分析灾难发生时减轻和应对这些冲击和压力的能力；②制定一项综合战略，进而确定一系列相互关联的短期和长期多部门策略；③通过让主要的城市利益相关者参与并制定一项提高认识的策略，启动一项能力建设计划。

资料来源：（世界银行，2016i）

　　城市韧弹性是可持续发展的一个关键因素。韧弹性投资有助于保持长期可持续性，确保当前发展成果为子孙后代提供保障。韧弹性也特别关注在人、经济和环境之间存在的各种风险之中学习如何准备、适应与应对（世界银行，2014a；Zolli，2012）。

预期气候变化将增加现有危险性事件的强度和频率。

与此同时，韧弹性投资并不能取代更广泛的可持续性发展方法。例如，它没有提供通过社会科学中的代理、冲突、知识和权力等概念获得关于社会可持续性的见解（Olsson et al.，2015）。考虑到世界银行的任务，本书中的可持续性和韧弹性问题主要集中在低收入和中等收入国家的城市。

韧弹性往往涉及社区抵御气候变化和灾害影响的能力，而气候变化和灾害是我们这个时代的主要发展挑战。因为现有记录显示，气候变化和灾害对城市具有可衡量的负面影响，所以适应气候变化和灾害风险管理已成为城市总体韧弹性议程的核心要素。随着气候变化预期将增加现有危险性事件的强度和频率，这一趋势尤为明显。近年来，韧弹性定义有所拓展，其关键方面不仅涉及自然灾害，还包括技术、社会、经济、政治和文化冲击与压力（表1.1）。从适应气候变化和灾害风险管理活动中选择的经验、教训和解决方案可以适用于下文详述的其他灾害（反之亦然）。

表 1.1　城市灾害事件的分类

自然灾害事件	技术灾害事件	社会经济灾害事件
干旱	建筑物倒塌	业务中断
地震	化学品泄漏	腐败
流行病/瘟疫	网络威胁	人口变化
极端温度	爆炸	经济危机
洪水	火灾	高失业率
虫害	燃气泄漏	劳工罢工/动乱
暴风	工伤事故	大屠杀
海啸	油品泄漏	政治冲突
火山爆发	污染事件	社会冲突
山火	中毒	供应危机（例如食物、水、住房、能源等）
	辐射	恐怖主义
	交通事故	战争
	系统故障（例如信息通信技术、供水与卫生、能源、健康、教育等）	

资料来源：改编自联合国人居署的城市韧弹性分析工具，并且基于 EM-DAT 和 PreventionWeb 的危害分类。

城市冲击和压力对城市低收入人群和非正式定居点居民的不均衡影响显而易见。越来越多的文献提请人们关注城市贫困人口缺乏韧弹性的现状。贫困人口不同程度地受到冲击和压力的影响——这不仅因为他们更容易受到与气候相关的冲击（随后更加脆弱），也是因为他们在预防、应对和适应这些冲击方面的资源更少，所获支持也更少。预计气候变化将加剧这些冲击和压力，并进一步阻碍贫困消除工作（Hallegatte et al.，2015）。第 2 章将更深入地探讨城市贫困人口韧弹性的重要性。

衡量韧弹性应采用不同尺度——从个人和家庭到社区、城市和国家层面。尺度不同，指令性行动也将有所不同。例如，在个人和家庭层面，韧弹性将包括以下行动能力：管理压力和避免冲击影响（例如，生活在安全的居住环境，或受风险减缓基础设施保护的地点）；在冲击发生前采取行动；当影响发生时予以应对；恢复或发展到更具韧弹性的状态。在社区层面，除上述能力之外，韧弹性还包括共同应对压力或避免冲击的能力。在城市层面，韧弹性要求市政当局有能力采取措施，使家庭、社区和企业能够应对压力或避免冲击，并在发生不利事件后维持关键服务（例如，在中断后启动和运行服务，修复受损的基础设施）。区域和国家层面则可以采取关键行动——无论是政策改革、投资还是金融保护战略——来增强特定城市、脆弱地区或一系列城市的韧弹性。

贫困人口更容易受到冲击和压力的影响。

韧弹性还必须将城市视为复杂的系统。城市韧弹性的任何发展方法都必须考虑功能（如城市营收增加）、组织（如治理和领导）、物理（如基础设施）和空间（如城市设计）层面，这些层面相互关联。城市冲击发生在城市系统个别或多个部分的中断或崩溃之后，包括经济衰退、社会动荡、流行病或政府未能解决系统效率低下等问题。韧弹性战略和投资需要考虑多个部门之间的这些基本关系（联合国人居署、环境署和国际减灾署，2015）。

由于区域、国家和全球的因素，城市韧弹性范围往往超出单一城市的行政分界。关注总体韧弹性，而非仅仅关注风险管理和适应性，是因为人们认识到，城市功能取决于来自其行政分界以外的商品和服务（包括生态系统服务）。这引起了人们对区域、国家和全球性供应链和资金流动的关注，以及对源于城市及其政府管辖范围之外的社会、经济、政治和文化危机的关注。

快速城市化和危险性事件日益增长预示着将压力和冲击风险推至
危险和不可预测的水平，从而产生系统性的全局影响。

例如，城市的水源、食物和能源通常来自于城市行政分界以外的供应点，
在考虑城市韧弹性时，应该关注这一因素。同样，洪水防治不仅需要城市内部
的防洪工程，还需对河道上游进行有效的流域管理。此外，城市的资源消耗模
式将产生上游影响，而其废物排放则将产生下游影响。这些相互联系的示例表
明城市面临其行政分界之外相关事件的风险。

1.2 为什么迫切需要投资城市韧弹性

城市韧弹性投资对于实现可持续发展以及世界银行集团在 2030 年前结束
极端贫困和促进共同繁荣的双重目标至关重要。快速城市化和危险性事件日益
增长预示着将压力和冲击风险推至危险和不可预测的水平，从而产生系统性的

全局影响。在建筑环境中，与地震、洪水、海啸、风暴潮和热带气旋风相关的全球预期年度平均损失为 3140 亿美元（联合国国际减灾署，2015a）。最近一项预测表明，到 2030 年，3.25 亿极端贫困人口将生活在最容易受到危害的 49 个国家之中（Shepherd et al.，2013）。因为大部分贫困人口和弱势群体将生活在城市环境之中，不解决城市环境中的灾害影响和气候事件，就无法消除贫困和保障发展成果。

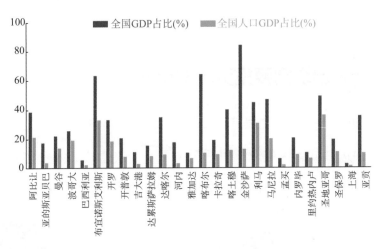

图1.1　部分发展中城市的全国人口和国内生产总值占比
资料来源：联合国人居署，2011年

快速城市化

世界正在快速城市化，每周有多达 140 万人迁入城市地区。前所未有的城市化已将全球的城市人口占比从 1950 年的 30% 增加到如今的 54% 以上，预计到 2050 年，城市人口占比将达到 66%。预计到 2030 年，在转为城市用地的土地中，仍有超过 60% 的土地有待开发（联合国国际减灾署，2015a）；到 2060 年，需要建造近 10 亿个新的住房单元才能容纳世界上不断增长的人口（Bilham，2009）。目前世界上有 39 亿城市居民，其中大多数居住在发展中国家，而这些国家未来也有望迎来大部分城市的增长（联合国经社部，2014）。

很大一部分的新城市扩张将发生在南亚和撒哈拉以南的非洲。仅以印度为例，预计在未来 35 年，城市居民人数将增加 4.04 亿，到 2050 年，该国近 50% 的人口将居住在城市之中。

前所未有的城市化已将全球的城市人口占比从 1950 年的 30% 增加到如今的 54% 以上，预计到 2050 年，城市人口占比将达到 66%。

到 2050 年，撒哈拉以南非洲将会出现类似的增长率，该地区 56% 的人口将生活在城市地区，相比之下，目前这一比例为 40%（联合国经社部，2014）。随着城市发展和应对气候变化等的不确定性和挑战，城市及其合作伙伴应对城市韧弹性的议程变得越来越紧迫（Carmin，2012）。

发展中国家部分城市的快速增长将发生在中小型城市 [3]。2015—2030 年间，预计人口将增长 32% 以上——相当于增加 4.69 亿居民（Birkmann，2016）。

最大机会在于有效应对风险和城市发展之间的相互作用，以便更好地面对现有挑战，同时考虑未来愿景。

在亚洲和其他地区，二线和三线城市快速发展，但因相关制度能力和资金有限，每日都面临着为新定居点和现有定居点提供基础设施和服务方面的考验。然而，这些城市仍然需要在投资、土地和规划方面做出重要决策。因此，最大机会在于有效应对风险和城市发展之间的相互作用，以便更好地面对现有挑战，同时考虑未来愿景（Brown，Dayal & Rio，2012）。

经济活动日益集中于城市

在低收入和中等收入国家，快速城市化通常与快速经济增长相关。这反过来又导致人口、资产和经济活动更集中在城市环境之中[4]。发展中国家的城市GDP 占比往往比全国人口占比大得多（图 1.1）。

但是城市的经济成功并不一定可以带来更大的韧弹性。许多快速发展的城市既没有必要的基础设施和服务，也没有保护所有居民、资产和活动所需的风险控制规划和土地用途管理措施。同样，城市经济上的成功并不等同于城市具有健康、包容性或可持续的特征。在许多低收入和中等收入国家，城市特征通常表现为城市空间、基础设施、服务和安全方面的不平等状况。这便产生了新的风险模式，特别是在非正式定居点，基础设施和社会保护不足或根本不存在，且环境退化严重。

人和资产面临越来越严重的气候变化和灾害影响

城市日益暴露于自然灾害和人为风险之中，这是全球可持续发展议程的真正挑战。日益增加的气候和灾害风险，加上贫困和不平等，使城市的可持续发

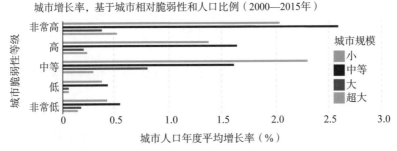

图1.2　按脆弱程度和城市规模分列的城市增长率
资料来源：Birkmann等，2016年

展面临影响。在发展中国家，很大一部分中小型城市具有"非常高"的脆弱性，其年度平均增长率分别约为 2% 和 2.6%（图 1.2）。

大多数城镇的人口增长规模已经超过许多市政当局的能力。规模更大、人口密度更高的城市不仅意味着更多的人和资产面临危险，也意味着城市生态系统或环境的特征发生变化，有可能增加灾害风险水平（GFDRR，2016；Donner & Rodriguez，2008）。人和资产在许多关键方面面临着气候变化和灾害的影响。

城市生活和生计

冲击影响到发展的各个方面，直接体现为人员伤亡、财产和基础设施损失，间接体现为资金用途从发展转向紧急救济和重建（英国国际发展署，2004；世界银行，2014a）。最近对 616 个主要大都市地区——它们拥有 17 亿人口，约占世界总人口的 25%，约创造全球 GDP 的一半——进行的风险分析发现，洪水风险比任何其他自然灾害对更多的人造成威胁。河流洪水对 3.79 亿以上的城市居民构成威胁，地震和强风可能分别影响 2.83 亿人和 1.57 亿人（瑞士再保险公司，2014）。正如第 2 章所述，城市贫困人口受到影响的可能性更大，原因是他们更可能生活在危险易发地区，并且没有足够财力投资于风险减缓措施。缺乏保险和社会保护机制进一步阻碍了城市贫困人口应对气候变化和灾害影响的能力。

城市经济上的成功并不等同于城市具有健康、包容性或可持续的特征。

城市系统

越来越多的居民及其资产集中到城市，其福祉更加依赖于基础设施网络、通信系统和城市服务。随着海平面上升、降雨规律变化、风暴强度增大、温度上升以及其他与气候相关的冲击和压力，人和基础设施之间产生了广泛的相互依存影响。城市系统整体的脆弱性因高风险地区的城市发展而有所增加，而这些高风险地区正是城市贫困人口可以负担得起的廉价居住区（例如山坡、洪泛平原或塌陷地）（Jha，Bloch & Lamond，2013）。

冲击影响到发展的各个方面，直接体现为人员伤亡、财产和基础设施损失。

为连接这些高风险地区而进行的城市基础设施建设进一步增加了整个城市系统的脆弱性。

全球供应链

随着世界经济的全球化和对全球供应链依赖的日益增强，一个城市或地区的灾难将影响另一个城市或地区。风险本身变得全球化，其原因和影响越来越相互关联，并影响到其他领域。

外资流入具有相对优势的城市更是如此（例如劳动力成本较低，更靠近出口市场），但由于风险减缓基础设施的投资水平较低，这些城市更容易受到冲

击和压力的影响。投资决策很少考虑这些地方的危险程度，大量资本继续流入灾害频发的城市，以致暴露在风险之中的经济资产价值显著增加（联合国国际减灾署，2015a）[5]。相关案例包括泰国洪灾之后全球硬盘供应链中断，而日本东北大地震和海啸之后全球汽车供应链中断。在考虑增强城市韧弹性时，了解这些联系、爆发点和潜在阻碍点至关重要（世界银行，2014a）。

风险本身变得全球化，其原因和影响越来越相互关联，并影响到其他领域。

城市环境的预期损失增加

建筑环境灾害造成的全球年度平均损失（AAL）估计达到 3140 亿美元，到 2030 年可能增加到 4150 亿美元。该估算值仅计算了灾害影响，低估了韧弹性不足的经济后果，其原因是：①评估不包括其他危害造成的损害和损失（例如冲突、污染、拥挤、流行病、事故、建筑物倒塌和恐怖主义活动）；②评估不包括对非正式经济的经济影响。

然而，预期损失增长并非不可避免。在接下来的 15 年中，每年对适当的灾害风险管理战略投资 60 亿美元，可使风险降低 3600 亿美元。这相当于每年减少预计损失 80% 以上。这种降低灾难风险的年度投资仅占未来 15 年每年 6 万亿美元基础设施投资的 0.1%（联合国国际减灾署，2015a）。然而对许多国家来说，这种小规模的额外投资可在实现消除贫困、改善健康与教育成果以及确保可持续和公平增长的国家和国际目标方面发挥至关重要的作用。

以埃塞俄比亚为例，投资 1000 万美元改善城市建筑的合规性，到 2050 年可减少净损失 6 亿美元（世界银行，2016a）。

气候变化加剧了灾害损失和影响，将削弱许多中低收入国家为实现可持续发展目标进行必要金融投资和社会支出的能力。这些损失还严重侵蚀了投资能力最弱国家的公共投资（图 1.3）。例如在马达加斯加，自 2001 年以来，灾害造成的年均历史损失相当于同一时期内年均公共投资的 75%[6]。因此，投资于气候变化适应性和灾难风险降低是促进可持续发展的关键先决条件。

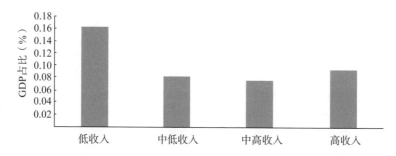

图 1.3   1990—2013 年按收入群体分列的经济损失占 GDP 的比例
资料来源：联合国国际减灾署与 EM–DAT 和世界银行的数据

提高韧弹性具有较好的经济效益。世界银行的一份近期报告指出，如果所有国家都实施"韧弹性一揽子计划"，所得收益相当于国民收入每年增加 1000 亿美元[*]。该一揽子计划将包括提升金融包容性、开发灾害和生计保险、扩大社会保护和可扩展安全网、应急资金和储备资金的覆盖面以及普遍建立早期预警系统（世界银行，2016c）。

> 如果所有国家都实施"韧弹性一揽子计划"，所得收益相当于国民收入每年增加 1000 亿美元。

1.3   国际社会日益关注城市韧弹性

城市韧弹性投资对于到 2030 年结束极端贫困和促进共同繁荣至关重要。

---

[*] 译者注：数字可能有误，建议引用时先咨询作者。

正如第 3 章所述，通过以下方式，以消除贫困为重点的城市韧弹性投资可促进下述目标的实现：

- 保护发展成果，使城市居民在面临冲击和压力之后不会再次陷入贫困；
- 使贫困家庭和社区更具韧弹性，从而提高摆脱贫困的能力；
- 增强能够公平增长的城市经济。

世界银行集团致力于将气候更好地纳入城市发展项目中。

尽管城市贫困人口地理分布广泛，但他们面临着共同的挑战[7]。解决赤贫和促进共同繁荣需要解决这些挑战，而其解决方案与城市韧弹性问题密不可分。

与更广泛的世界银行集团议程的联系

重要的是，城市韧弹性投资完全符合更广泛的世界银行集团议程。

2015 年后发展筹资：多边发展金融

在 2015 年 4 月 18 日召开的发展委员会会议上，包括所有主要多边开发银行在内的与会者指出[8]，其机构的独特定位是充当创新者和共同投资者以及公共和私营机构之间的经纪人，以利用和挤入必要的私人资金和投资，支持政府改善投资环境，实现可持续发展目标。多边开发银行可以支持政府设计和实施气候行动，通过项目准备支持和投资工具组合，以及信用提升和风险缓解，产生韧弹性共同效益，第 4 章中将进一步讨论。

世界银行集团气候变化行动计划

城市韧弹性投资被认为是对世界银行集团气候变化行动计划工作"重点 2：利用资源"和"重点 3：扩大气候行动的重要贡献"的实践。"可持续和韧弹性城市"被确定为以下领域的重点主题：

◉ 为了实现会员国和全球的气候目标而转型势在必行的领域；

◉ 世界银行集团具有相对优势、成功的业绩记录并能发挥作用的领域；

◉ 许多国家和地区已经了解会员国的需求和适当的市场条件的领域。

作为促进这一主题的工作，世界银行集团致力于将气候议题更好地纳入城市发展项目中，并推动采取多部门办法，以整合基础设施发展、土地用途规划、灾害风险管理、制度/治理、社会组成部分和基础设施投资。重要的是，城市韧弹性投资为多个部门提供大量的气候共同利益。

世界银行集团的城市战略

世界银行集团通过城市地区的贷款和技术援助，旨在支持绿色、包容性、治理良好、富有韧弹性和竞争力的城市化，建设可持续社区，消除极端贫困，并促进共同繁荣。

主要的工作领域包括：

◉ 低收入社区和住房；

◉ 城市战略和分析；

◉ 城市管理、治理和融资；

◉ 可持续的基础设施和服务；

◉ 韧弹性和灾害风险管理。

世界银行集团推动将灾害风险管理纳入世界银行集团运营的进度报告

韧弹性日益成为世界银行集团国别伙伴关系战略的重点主题，这反映在最近一轮 IDA 17（2015—2017 财政年度）的政策和投资之中。为此，在此期间编制的所有新的国际开发协会国别伙伴关系框架均纳入了气候和灾害风险的评估，确保韧弹性被并入行业项目，包括侧重于城市发展的项目。更具创新性的项目领域包括早期预警系统、灾后社会安全网以及灾害风险融资和保险。已确定将灾害风险管理进一步纳入项目运营的机会一般包括：

⊙ 在快速城市化、人口增长和气候变化的背景下，为快速增长城市强化灾害风险管理工具和扩展金融解决方案；

⊙ 与私营部门合作，弥补风险融资方面的差距，使各国能够通过风险管理交易将风险转移到市场；

⊙ 与人道主义机构合作，解决最紧迫的需求。

与全球任务的联系

最近一系列全球任务使城市韧弹性成为地方到全球的发展实践者的重中之重。这反映了各国政府、民间团体、捐助者、国际组织和私营部门之间日益形成的共识，即需要付出更多努力，加强整个发展中世界的城市韧弹性。

韧弹性日益成为世界银行集团国别伙伴关系战略的重点主题。

以下全球任务反映了对城市韧弹性的日益重视。

联合国可持续发展目标（2016—2030 年可持续发展目标）

第 11 项可持续发展目标呼吁世界"让城市具有包容性、安全性、韧弹性和可持续性。"为此，联合国确定了两个主要的目标行动项目：

⊙ 到 2020 年，通过采用与执行综合政策和计划（包括各个层面的整体灾害风险管理），大幅度增加城市和定居点的数量；

⊙ 采取行动，大幅减少死亡人数、受灾人数和灾害造成的直接经济损失，重点保护贫困人口和其他弱势群体。

　　与上述行动项目相关的是联合国发展目标，特别是联合国第 1.5 项可持续发展目标——"增强贫困人口和弱势群体的韧弹性，减少他们面临和易受与气候有关的极端事件以及其他经济、社会和环境冲击及灾害影响的风险"以及联合国第 9 项可持续发展目标——"建造韧弹性基础设施，促进具有包容性的可持续工业化，推动创新"。

　　现在做出的投资决定将对未来发展轨迹产生巨大影响，并将在避免城市受困于不可持续的发展道路方面发挥重要作用。

《仙台减少灾害风险框架（2015—2030 年）》

　　2015 年 3 月 14—18 日，联合国在日本仙台举行的第三届世界减灾大会上，制定了一个全新的全球性框架，由其作为《兵库行动框架》的后续版本。仙台框架呼吁努力降低总体风险和脆弱性，同时确定非计划和快速的城市化是灾害风险的主要潜在驱动因素。为此，仙台框架呼吁将危险和风险因素纳入城市发展周期的所有阶段，包括多边和双边发展援助方案的投资之中。在该框架内，世界银行集团等国际金融机构承诺增加对灾害风险管理和抗灾能力的投资，同时致力于将灾害和气候风险系统性地纳入业务运营之中。

《联合国气候变化大会（第二十一届缔约方大会，2015 年 12 月）》

　　在该缔约方大会期间，与会者强调了城市地区在减少排放和适应气候变化方面发挥着关键作用。这是关于气候风险更广泛对话的内容之一。气候风险是自然灾害损失的主要驱动因素；超过 75% 的灾害损失与极端天气有关（Hoeppe，2016）。第二十一届缔约方大会结论认为，遏制气候变化和有效资助气候适应活动对韧弹性议程至关重要。

《新城市议程（人居三，2016 年10 月）》

第三届世界人居大会通过的《新城市议程》设想城市"采用和实施灾害风险降低和管理措施，降低脆弱性，建设抵御自然灾害和人为风险的能力及应对能力，并促进气候变化减缓和适应性"（人居三，2016）。《基多新城市议程实施计划》三大支柱之一是"环境可持续和韧弹性城市发展"。除其他措施之外，该计划呼吁在城市中进行韧弹性城市空间发展、基础设施和建筑设计、减少易受危害性、积极采用基于风险的方法和适应气候变化。

城市韧弹性问题对世界银行集团来说是一个日益紧迫的问题，与更广泛的社区发展目标完全一致。现在做出的投资决定将对未来发展成果产生巨大影响，并且在避免城市受困于不可持续的发展道路方面或在避免城市面临日益激烈和频繁的冲击和压力方面发挥重要作用。我们将在下一章中讨论韧弹性，将其作为城市发展的一项重点工作。

第 2 章 为什么城市韧弹性对城市贫困人口极为重要

2.1 城市贫困现象日益严重

贫困日益城市化。全球范围内，在城市生活的贫困人口数量有所增加，城市地区的贫困人口比例也有所增加。特定城市或国家城市人口的案例研究表明，城市贫困人口的规模或贫困程度有所增加，或者贫困人口的比例有所增加。例如有文件显示，从 1990 年到 2015 年，自来水接入住所的城市人口的比例并没有增加（世卫组织 / 儿基会，2015 ），事实上，许多国家的这一比例甚至有所下降（Satterthwaite，2016）。

城市周边和其他非城市化地区的非正式定居点正在扩大。非正式定居点未经规划、无序扩大将导致风险减缓基础设施与服务的接入既困难又成本高昂（Hardoy et al.，2001；Carruthers & Ulfarsson，2003）。这也可能给城市带来新的环境和健康风险——例如，区域中的非正式定居点增加了这些定居点以及下游城市地区遭受洪水的风险。城市化也可能改变城市地区的降水和温度模式（Seto et al.，2011；Linard et al.，2013）。

越来越多的城市居民生活在贫困人口窟。联合国人居署的统计数据显示，从 1990 年至 2014 年，除西亚之外，全球大多数区域的贫困人口窟城市人口比例稳步下降，但人数有所增加。从全球范围来看，2014 年超过 8.8 亿城市居民生活在贫困人口窟，比 2000 年增加了 11%。从区域来看，南亚 30% 以上的城市居民和撒哈拉以南非洲地区近 60% 的城市居民生活在贫困人口窟（联合国人居署，2016b）。

流离失所者和难民越来越多地涌入城市定居。许多城市在提供基本服务、安全和福利方面已经面临系统性挑战，而现在有大量难民和 / 或国内流离失所者需要应对，并且人数还在不断增加。据估计，全球至少有 1900 万名[10] 无家可归的人和超过 1000 万名难民生活在城市地区（全球城市危机联盟，2016）。由于多种原因，这两个群体通常被排除于服务体系之外。例如没有正式身份，难民在赚取足够收入方面经常面临语言障碍和困难。他们中的许多人与东道国人群一起生活，而后者自身的居住环境较差，不能获得适当的服务。难民可能获得的针对性支持会使他们与东道国之间的关系变得紧张。此外，危机——例如战争或自然灾害——造成的异常人口流入和流出可能重塑城市，并扩大东道国社区和现有城市服务与基础设施的容纳能力。因此，城市化的流离失所者成为城市贫困人口的一部分，或者面临许多相同的韧弹性挑战。

据估计，全球至少有 1900 万名无家可归的人和超过 1000 万名难民生活在城市地区。

2.2　促使城市贫困人口风险增加的因素

城市贫困人口面临健康、收入和生计方面的风险，以及生活成本突然增加或收入突然减少的风险。这些风险包括驱逐风险，也包括自然灾害风险。有些风险是持续的或每天均要面临的，有些是频繁发生的（例如季节性），有些则很少出现，但可能造成重大后果。

对于一些人来说，收入如此之低，以至于他们根本负担不起住宿——就像住在人行道上的流浪者或者住在工地上的建筑工人一样。

越来越多的文献指出,各种因素可对低收入城市居民造成或加剧上述风险。致使城市贫困人口风险脆弱性增加的一些主要因素包括：

⊙ 个人和家庭的经济基础有限，包括收入不足、无固定收入、缺乏资产；

⊙ 与危险生计、住房、燃料使用和住房地点有关的当地环境；

⊙ 基础设施和服务缺乏或不足（往往因人口快速增长而加剧供应不足）；

⊙ 地方治理方面的不足，这有助于解释基础设施和服务提供方面的不足，包括低收入群体缺乏话语权和地方政府缺乏问责制；

⊙ 缺乏对灾害风险减轻的关注，包括风险人群对如何降低风险、应对风险和适应风险的知识掌握不够。

有限的经济基础

除与贫困相关的日常挑战之外，有限的经济基础在多个方面阻碍家庭实现稳定：

投资住房的能力有限。低收入的一个后果是住房开支受到限制。对于一些人来说，收入如此之低，以至于他们根本负担不起住宿——就像那些住在人行道上的流浪者或者住在工地上的建筑工人一样。同理，生活在没有所有权的土地或不允许再细分的土地上的城市居民将缺乏地权稳定性，这可能制约他们的努力，有时甚至阻碍其获得翻修资金。

住房融资难以获得贷款。低收入或无固定收入人群通常不能通过贷款改善住房条件。非正规住房市场的货币化加剧了这种情况。过去在许多城市之中，低收入群体非法占有其没有付钱购买的土地——但在大多数城市，非正式定居点在货币化的土地市场中发展而来，其中部分属于非法交易，并且有许多住宅由土地开发商和房东加以运营。

没有针对冲击和压力的资产"缓冲"。非正式定居点的大多数人缺乏应对冲击或压力的资产或其他手段。他们在灾难发生前后获得援助和支持的机会可能更少，这或者是因为他们不是"合法"居民，或者是因为他们不知道或不能以其他方式获得社会服务。大多数人还面临不安全的居住权，他们或是租房居住，或是在定居点居住，而这两种情况均有被驱逐的风险。

位置

城市贫困人口面临的最大挑战之一是他们被迫定居地区所特有的一系列危险。这些危害包括：

危险或易受灾地区。许多贫困社区位于或靠近高风险地区，这些风险给城市居民带来了严重的社会和经济损失。发展中国家各类城市的一个共同特点是，低收入群体往往集中在危险地点的非正式定居点（Hardoy，Mitlin & Satterthwaite，2001；Hope，2009；Silva，2012；Baker，2012）。这些定居点的居民之所以接受这些风险，是因为住宿更加便宜，有机会赚取收入，或者是因为他们不想离开所投资的定居点。这些定居点通常也面临更大的气候变化风险（Revi et al.，2014）。

城市对这些地区的灾难缺乏规划。政府当局没有对这些影响进行充分规划，城市贫困人口也不均衡地受到影响。冲击和压力风险在很大程度上与城市土地压力和排他性城市规划系统有关（Hallegatte et al.，2015）。

低收入或无固定收入人群通常不能通过贷款改善住房条件。

城市政府发现很难管理外围地区的土地用途，难以避免城市扩张或危险地带的非正规开发；此外，与流域有关的综合土地治理可能不在其管辖范围之内[11]。

危险因地而异，难以预料。在城市内部和周围，非正式定居点的风险类型和水平各不相同。非正式定居点可以反映高风险和低成本之间的联系，在那些最容易遭受洪灾的地区，住房租金较低，例如达喀尔的科瑞尔（Jabeen，Allen & Johnson，2010）。

许多贫困社区位于或靠近高风险地区，这些风险给城市居民带来了严重的社会和经济损失。

另一方面，由于有计划的发展，如果贫困人口居住在位置较好的非正式定居点，则往往会面临被驱逐的风险。风险和脆弱性评估需要认识实际环境、居民和社区能力以及个人或家庭对风险偏好的多样性。

基础设施和服务不足

缺乏足够基础设施的贫困社区所面临的不利影响显而易见，并有详细记录。然而，糟糕的基础设施对城市构成更大范围的威胁，并为获得韧弹性设置了障碍。

全球基础设施不足。基本的基础设施和服务可以显著减少危险，或者显著减少自然风险和社会风险。这些基础设施和服务包括自来水、卫生和排水管网、全天候道路、电网电力、医疗保健、应急服务、固体废物收集、学校、治安 / 法治和社会保护。

基本的基础设施和服务可以显著减少危险，或者显著减少自然风险和社会风险。

然而有证据表明，近几十年来，这些基本公共服务的供应实际有所下降。例如在 1990 年至 2015 年期间，21 个国家的自来水接入住所的城市人口比例有所下降（Satterthwaite，2016b）。这在一定程度上可以归因于快速的城市增长，与地方当局向人口提供足够基础设施和基本服务的能力相比，人口数量的变化更快。

糟糕的基础设施对更广泛的社会阶层构成威胁。对许多城市来说，基础设施和服务供应以及土地用途管理方面存在严重缺陷，以至于风险威胁到大部分非贫困群体，甚至威胁到整个城市的运转[12]。气候变化经常加剧当地风险，也可能对整个城市产生影响——经济、健康（和疾病控制）、基础设施、粮食安全和供水（Lwasa et al.，2014）。城市洪水就是一个例子，其中综合因素增加了风险：气候变化导致更强降雨；城市化降低土壤的持水能力；渠道化河流增加了水的径流和流速；固体废物管理不善和缺乏维护则对排水构成了阻碍。

改善基础设施的成本。对于这些风险而言，基于基础设施的解决方案可能非常昂贵。例如，达累斯萨拉姆 100 千米海岸线的海堤保护费用为 2.7 亿美元（J.Kithiia，2011）。贫穷国家的地方和国家政府均负担不起这类成本。当务之急是建立负责任和反应迅速的治理系统，通过能力建设和土地用途规划降低风险，而非投资大型建设项目。

地方治理的不足

一些威胁并非以外部冲击或缺乏资源的形式表现出来：它们来自城市政府内部，是可以避免的威胁。但它们也会对韧弹性构成同样严重的威胁。

贫困的地方政府加剧了糟糕的服务供应状况。相反，良好的本地治理可降低风险影响。治理优良的城市为其管辖范围内的所有人提供风险减缓基础设施和服务，其因日常风险（Mitlin & Satterthwaite，2013）和大小灾害造成的健康不佳以及过早死亡水平要低得多（联合国，2009）。

这些城市具有制度和治理能力，可将其资源用于减少灾害风险和适应气候变化，并评估如何整合这些议程（Bartlett & Satterthwaite，2016）。从这个意义上来说，基础设施和服务不足既是城市贫困的特征，也是地方政府或治理失败的特征。如果公众无法参与规划进程以及监管框架不具备包容性，这将进一步阻碍向低收入社区提供城市基础设施和服务。

弱势的城市政府往往对居民不负责任，尤其对贫困人口不负责任。城市贫困人口的韧弹性与政府能力大小和问责制质量密切相关。这始于政府愿意倾听、配合、支持和服务那些缺乏韧弹性的家庭和人员。弱势和不负责任的城市及其政府导致了基础设施和服务缺乏、土地市场动荡以及贫困人口无法获得安全的土地（Pelling，2003；Merlinsky，Tobias & Ayelen，2015）。显然，其他因素也在发挥作用，它们包括政治、经济、文化和种族问题以及法律制度的扭曲。在全球范围内，大多数城市政府缺乏基础设施和服务所需的能力和资源；许多城市政府不愿意将这些基础设施和服务扩展到非正式定居点（Satterthwaite，2013）。例如在孟加拉国的库尔纳市，政治制度并不负责非正式定居点的居民，因此不能满足他们的需求（Roy，Hulme & Jahan，2013）。

2.3　城市韧弹性与贫困之间的联系日益显著

灾害风险管理越来越注重解决大多数低收入人口和定居点缺乏韧弹性的问题。关于缺乏灾害风险管理如何导致城市贫困的文献资料越来越多，而全球灾害数据库却出于灾害的小规模性和地方性而忽略其中的大部分内容[13]。

基础设施和服务不足既是城市贫困的特征，也是地方政府治理失败的特征。

在气候变化领域，政府间气候变化专门委员会（IPCC）的第五次评估会议谈及更详细的城市问题，其中包括城市贫困问题。该会议通过多种方式更详细阐述了对于城市贫困和歧视加剧气候影响脆弱性的理解，相关观点反映在越来越多的与脆弱性驱动因素相关的文献资料之中：社会经济、文化和性别不平等，如难以获取医疗服务、教育和劳动力市场的机会（Ayers，2011；Romero，Qin & Dickinson，2012；Mérida & Gamboa，2015）。

城市贫困人口的韧弹性与政府能力大小和问责制质量密切相关。

越来越多的证据表明，风险减缓基础设施和服务不仅可以减轻贫困，还可以提高个人和家庭的韧弹性以及社区和城市的韧弹性。

评估材料还描述了城市韧弹性框架应如何结合更广泛的可持续性挑战，包括结合城市中日益加剧的社会不平等问题（另见 Chelleri et al.，2015）。会议特别讨论了如何通过减少基本服务亏损和改善居住条件来改造非正式定居点，进而减少危险，特别是贫困人口和弱势群体的风险。

贫困和风险降低之间的联系也见于城市贫困的相关文献之中。文献中的一个重要主题是资产如何给低收入家庭更大的压力或冲击应对能力（Moser，2006；Moser，2007）。虽然这项研究最初侧重于经济冲击，但后来纳入了灾害风险，并很好地融入了气候变化适应问题。同样有越来越多的证据表明，风险减缓基础设施和服务不仅可以减轻贫困，还可以提高个人和家庭的韧弹性以及社区和城市的韧弹性（Tanner et al.，2015）。下图总结了这些文献中的关键信息，并描述了韧弹性给城市贫困带来的"三重红利"：

城市贫困和韧弹性：三重红利

韧弹性 = 抗灾能力 + 更广泛的经济、社会和环境发展

韧弹性 = 红利 1 + 红利 2 + 红利 3

红利 1：拯救生命，避免损失

这一点特别重要，因为在中低收入国家快速增长的城市地区，损害和损失的占比越来越大。

红利 2：释放经济潜力

有证据表明，背景风险降低和有效风险管理可让贫困家庭积累储蓄、投资于生产性资产和改善生计。

红利 3：获得发展共同利益

共同利益可以分为经济、社会和环境三类利益，可以有意识地设计为灾害风险管理投资或附带项目。

2.4　城市贫困影响

中低收入国家未来收入是否处于贫困水平的主要决定因素是经济发展的类型和速度。以包容性和负责任的治理结构为支撑普及基本服务并减少不平等，将可比传统发展模式带来更佳的减贫效果。正如世界银行报告《冲击波：管理气候变化对贫困的影响》所述，正是这些更广泛的条件而非离散的适应性投资的规模决定了城市居民应对气候变化的能力（Hallegatte et al.，2015）。另一个决定因素是气候变化的程度：全球气温上升 3～4℃ 与上升 1.5℃相比，会导致更频繁和更严重的极端天气事件，海平面上升更快，农业生产力下降，疾病负担也更重。此外对城市来说，气温上升越快，全面适应风险的能力就越低（Revi et al.，2014）。

漠视城市韧弹性，将使数百万人重新陷入贫困，从而逆转发展成果。冲击波模型显示，在普遍繁荣和气候影响较低的情况下，到 2030 年，气候变化将使 850 万城市居民生活在贫困线以下。在气候影响较高的情况下，这一数字上升到 3220 万（图 2.1）。然而在普遍贫困的情况下，即使气候影响较低，2030 万城市居民仍将陷入贫困线以下，而 7730 万人将因气候影响较大而返贫。城市贫困加剧的主要气候驱动因素是较高的农产品价格，这意味着低收入群体必须花费更多收入购买食物，并且腹泻疾病的发病率也有所增加。在气候变化的影响下，新增城市贫困人口大部分集中在南亚和撒哈拉以南非洲（图 2.2）。

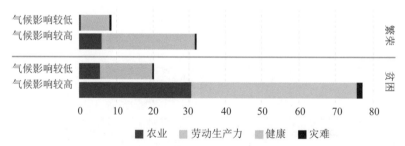

图2.1　不同经济和气候情景下生活在1.25美元/天贫困线以下的城市居民人数

对于城市来说，气温上升越快，全面适应风险的能力就越低。

即使气候影响较低，2030 万城市居民仍将陷入贫困线以下，而 7730 万人将因气候影响较大而返贫。

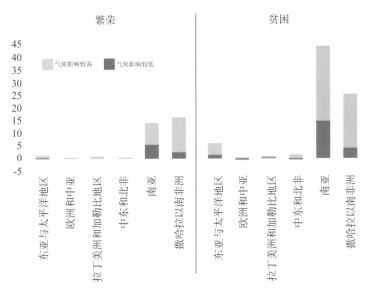

图 2.2　不同地理区域生活在 1.25 美元 / 天贫困线以下的城市居民分布情况

　　韧弹性不足对城市贫困的实际影响可能要大得多。首先，该模型因使用目前已经过时的 1.25 美元/天贫困线来表示气候影响的严重程度，而低估了城市贫困程度。虽然目前公认的全球贫困线（现为 1.90 美元 / 天）可能适用于农村地区，但城市贫困需要考虑无法充分获得可靠、安全的饮用水、有保障的居住权、持久和永久住房等因素 [14]。因此，预计数值低估了气候变化的影响，城市居民可能返贫。尽管如此，该模型确实为不同经济和气候条件下城市贫困的可能驱动因素和分布提供了宝贵见解。此外，该模型没有考虑灾害对城市贫困的当前经济后果（仅涉及气候变化带来的额外影响）。世界银行正在编写另一份报告，以对此情况加以评估。

在本章中，我们已经看到了城市韧弹性对城市贫困人口的重要性。城市韧弹性既可能减轻冲击和压力的影响，也可能保护在全球减贫方面已经取得的成果。我们还看到了各大机构越来越重视韧弹性议程。在下一章中，我们将研究公共财政和私人投资在推动这一议程中的作用。

第 3 章　融资需求和克服障碍

冲击和压力威胁着城市的繁荣。在许多低收入和中等收入国家，城市是经济增长、就业和创新的中心，推动着国民经济的发展。然而，这种增长的可持续性面临着风险，意外冲击和持续压力影响长期的经济、环境和社会可持续性。在发展和社会进步、创造就业、改善健康状况及促进贸易方面，基础设施是关键驱动力。加强基础设施投资对于实现世界银行的双重目标以及提高城市的韧弹性至关重要。因此资助城市基础设施建设，以适应和应对这些冲击和压力，已成为发展中最紧迫的挑战之一。政治意愿、制度能力和融资渠道的整合至关重要，以便必要时做出艰难抉择，调整政策，并将宝贵的财政、人力和政治资源分配给城市长期韧弹性所需的活动。

基础设施差距的预测因城市、部门和国家而异。例如在撒哈拉以南非洲，基础设施支出需求（包括资本、运营和维护）占 GDP 的比例从脆弱低收入国家的 37% 到中等收入国家的 10% 不等（Briceño-Garmendia et al.，2008）。但需要增加基础设施投资和活动以提高城市韧弹性的共识现已形成。鉴于城市地区更容易受到冲击，如经济衰退、社会动荡、公共卫生流行病或基础设施无法满足需求等冲击的影响（世界银行，2014a），人们也一致认为急需制定可行战略，以满足这些投资需求。

本章中，我们将探讨公共财政和私人投资为城市韧弹性提供的资金机会。我们还将讨论每项挑战的局限性和制约因素，并列举已成功使用世界银行集团和其他机构所提供的各种措施来应对这些挑战的实例。

加强基础设施投资对于实现世界银行的双重目标以及提高城市韧弹性至关重要。

最后，我们将讨论特定城市的案例研究，探讨如何成功运用公共财政、私人投资或结合两者以提高城市韧弹性并为投资者提供回报。

基础设施投资的社会回报有目共睹。基础设施投资可以通过促进资本积累和提高生产力来推动潜在经济增长。基础设施支出增加 1%，四年内 GDP 平均增长 1.5 个百分点。在基础设施规划良好、落实到位的国家，回报率甚至更高——四年内可高达 2.6 个百分点（国际货币基金组织，2014）。这种差异表明了在确保基础设施尽可能提供更高经济和社会红利方面，政府发挥着重要作用。正如世界银行 2014 年关于确定项目优先次序以增强发展影响的报告所探讨的一样，如果将网络和跨部门影响以及协同作用纳入考虑范围，基础设施的潜在利益将更大。韧弹性城市服务平台的投资可能产生比个人投资总和更大的经济回报，这是因为基础设施投资可能改变土地用途，提高生产力水平，改变定居模式，以及提高财产价值。

政治意愿、制度能力和融资渠道的整合至关重要。

3.1　提高城市韧弹性的融资需求

城市基础设施的韧弹性提升需要大量额外资金，发展中国家更是如此。全球对城市基础设施投资的需求每年为（4.5 ~ 5.4）万亿美元，预计需要 9% ~ 27% 的额外投资才能使基础设施具有低排放性和气候韧弹性（CCFLA，2015）。其中大部分需求来自发展中国家的城市。这只是对城市"韧弹性"建设所需投资的部分估计，因为该数字仅涉及城市基础设施。城市韧弹性增强的边际成本尚未纳入估算范围，该成本包括公共卫生、城市系统、反恐措施、社会和环境韧弹性其他组成部分的投资成本。

　　基础设施投资可以通过促进资本积累和提高生产力来推动潜在经济增长。

　　韧弹性投资可带来不同程度的回报。韧弹性投资可大致分为三类：

　　纯属公益事业的投资。这些投资不会产生市场上的可行回报，需要政府或捐助者直接投资。但这种投资可间接促进社会稳定，并对经济增长和政府财政产生积极影响。公益事业投资可能包括防洪系统（主要造福于低收入地区）或预防累计犯罪计划投资。

　　低于市场回报率的投资。基于市场的风险感知，这些项目的现金流可能无法进行充分预测，或不足以吸引私人资本。多边开发银行或捐助者可在该领域帮助降低特定政治和金融风险，例如通过政治风险保险或信贷担保来促进私人投资。另一种方法是混合融资或优惠融资，即通过改变投资风险回报状况，以灵活的资本和优惠的条件降低风险来吸引私人资本。这些投资可能包括公共交通投资。

　　产生市场可行回报率的投资。如果项目准备充分，监管和体制环境稳定且有利于投资者，则这种投资可以吸引其他私人投资。政府或捐助者可通过提供项目准备资金，或利用针对性担保，推动此类项目发展。这些城市韧弹性投资的示例包括水处理厂建设，或全市街道照明环保发光二极管升级改造工程。

　　在第一种情况下，主要由政府和发展伙伴满足融资需求。就低于市场回报的投资而言，可通过公共和私人融资相结合的方式来满足投资需求，而如果满足特定条件，则第三种方式所代表的投资机会可能可以吸引私人投资者。

3.2 城市韧弹性的融资障碍

城市韧弹性的大量公共和／或私人投资的开发障碍分为四类：

⦿ 政府缺乏能力；

⦿ 私营部门缺乏信心；

⦿ 项目准备方面的挑战；

⦿ 融资挑战。

这些障碍的解决方案因部门而异，当然取决于投资是否具有市场可行性（即能够吸引私人资本）、公益性（即需要政府或捐助者的资助）或是否产生低于市场的回报率。以下各节举例说明世界银行可以提供的解决方案，以帮助城市和私人投资者应对这些挑战。

政府能力缺失

尽管私人投资者对基础设施投资越来越感兴趣，但私营部门的参与仍面临多重障碍。由于受其他因素制约，发展中国家的城市投资韧弹性增强活动不仅仅需要"全球资本市场准入机会"。私营部门有助于提高市场效率，但政府需要具备市场运作的监管机构和制度能力。此外，城市政府的偿付能力和信誉与地方政府进行现有项目维护的收入创造能力（或缺乏这种能力）同样重要。更有利的环境也有助于确定和准备投资，从而促进私营部门融资的利用。该环境包括国家监管环境到特定城市的信用度，它们可能限制气候适应或基础设施投资的信贷可得性。

发展中国家的城市投资韧弹性增强活动不仅仅需要"全球资本市场准入机会"。

许多城市难以规划和实施韧弹性投资。城市面临的挑战包括城市规划能力不足、地方项目评估和规划流程不足，以及实施和执行能力有限。在基本层面上，发展中国家的许多城市没有执行基础设施的长期规划，也没有资本投资计划。此外，城市可能缺乏所面临的风险数据和／或不具备将这些数据纳入城市规划和资本投资战略的能力；可能在城市土地用途和战略投资计划中没有考虑气候缓解和适应目标，当地决策者可能不知道如何通过项目的轻重缓急来最大限度地降低风险，以及哪些类型的项目可实现其韧弹性相关目标和促进长期增长。或者政府在应对未来一系列后果方面，可能不了解如何对其现有的具体政策或投资决策进行评估。

世界银行集团可以支持和激励城市提高项目评估（包括危险性和风险评估）能力，以及更好地组织和实施韧弹性投资。

解决方案：世界银行集团可以支持和激励城市提高项目评估（包括危险性和风险评估）能力，以及更好地组织和实施韧弹性投资。世界银行集团拥有全局知识库、金融和技术专长以及补助资源，可支持城市将韧弹性纳入其规划和投资战略之中，建设可融资项目准备的能力，利用发展援助，并与世界各国政府合作，帮助它们将风险信息纳入公共投资。这类技术支持可以帮助政府确定资本项目的优先次序，并确定相对于私人投资者、发展银行或捐助者等其他潜在资本来源而言，哪些项目融资适合于公共资金。

从历史上看，因为大多数基础设施具有公益事业的性质，可产生积极外部效应，所以均由公共资金提供资金来源。现有收入来源（例如财产税、土地使用费和政府间财政转移）不太可能足以满足基础设施需求，更不用说更广泛的"韧弹性"需求。公共赤字、公共债务占国内生产总值比重增加以及公共部门提供有效支出的能力低下，限制了政府对这类投资的资金投入。此外，公共部门不可避免地难以平衡多个相互竞争的政策重点；提供长期利益的基础设施往往被削减，以满足更紧迫的需求。此外，大规模城市基础设施项目可能面临政治干预，以致资源分配不当。更进一步来说，尽管新兴市场的政府承担了传统上大部分负担，但所需基础设施的规模使得吸引私人投资至关重要。对于将在很长一段时间内（例如在 30 年以上）提供收益的基础设施（例如道路或水道），适用于运用商业银行或资本市场的长期借款。私人资本利用的其他方式包括政府和社会资本合作。向开发商收取的影响费也可以为现有基础设施改造或扩建提供必要的资金。

解决方案：在向地方政府提供技术援助以解决可能阻碍基础设施私人投资的监管和体制障碍方面，公共私营基础设施咨询机构（PPIAF）是现有渠道之一。PPIAF 提供的技术援助可以支持政府准备和安排基础设施投资。

> 世界银行集团可以向各国政府提供深入的技术咨询支持，以帮助评估和比较服务交付模式。

另一个渠道是最近设立的信托基金"基础设施韧弹性建设支持的项目发展基金"。洛克菲勒基金会已提供 1000 万美元作为种子资金，供国际金融公司使用，

用于促进基础设施项目的融资，从而支持经济、社会和/或环境的韧弹性提升。

国家法律和监管制度可能阻止潜在的私营部门投资者进行投资。资本流入控制、税收政策、劳工政策和不稳定的关税政策可能增加交易复杂性和降低投资吸引力。例如，一些国家的监管框架要求国际公司作为联合投资者与当地投资者合作，这可能增加复杂性、产生不确定性并增加业务运营成本。在其他国家，国家法规可能未明确允许地方实体可参与利用私人资本和专门知识的政府及社会资本合作（PPP）组织。

解决方案：过去几年，世界银行在哥伦比亚、埃及、墨西哥和尼日利亚采用了行之有效的"地方经营成本"评估方法，帮助各国政府了解其在一个国家和一个参照集团内商业法规和执法方面的差异，并确定相应机会，解决可能影响私营部门投资的障碍。该方法向地方和国家政府提供了经商便利性的相关数据，并建议进行改革，以提高各指标领域的绩效。这些报告也强调了特定部门或政策领域的挑战，例如合同执行或繁琐程序的成本衡量。

私营部门有助于提高市场效率，但政府需要具备市场运作的监管机构和制度能力。

政策不确定性会降低投资者的兴趣。为保证韧弹性发展，许多发展中国家和中等收入国家仍在制定具体政策。这种对未来监管政策或补贴的不确定性——例如与服务提供相关的税收结构——可能吓退私人投资者。此外，政治和社会不稳定会进一步吓退私人投资者。

解决方案：世界银行集团可提供不同类型的担保，从而有助于降低投资者的实际风险和风险感知。例如，多边投资担保机构可以为私营部门投资提供政治风险保险（PRI），以减轻和管理与不确定政治环境相关的风险（例如，政府不利行动或不作为）。这些工具有助于创造更稳定的投资环境，从而更易于获取资金。所涵盖的具体风险包括：

- 货币不可兑换和划拨限制；

- 征用；

- 违反合同；

- 战争、恐怖主义和内乱。

  世界银行可以通过投资项目直接为基础设施融资。

例如在科特迪瓦内战后，多边投资担保机构提供 USD145 担保，覆盖股权投资者、项目的所有私营部门贷款人以及荷兰发展金融公司 FMO。所涉及的具体基础设施投资包括阿比让 Ebrié Lagoon 上的 Henri Konan Bedié 收费桥，该桥在内战爆发后曾被搁置。

城市在投资"韧弹性"基础设施方面面临的障碍与城市在基础设施方面普遍面临的障碍有很大重叠。在许多情况下，这些障碍是结构性的。例如，常见的城市管理职能和权力在不同机构和政府级别之间分配不一致；例如，国家或省级的政府实体可能拥有城市交通投资的权力和资源，但地方政府拥有土地区划和土地用途的权力；或者，国家政府可能拥有社会福利住房分配的政策和预算权力，而城市政府则负责为公共住房持续提供地方基础设施。

　　解决方案：世界银行集团可以向各国政府提供深入的技术咨询支持，以帮助评估和比较各种选项。包括专门治理团队在内的多个世界银行集团团队可与政府展开合作，以提高透明度、改进问责制和服务交付。各团队侧重于帮助加强公共部门管理系统，包括公共财政管理的系统。例如，第二个拉各斯州发展政策运营方案（SLSDPO）支持州政府实施一项改革方案，旨在进一步提高预算支出的性价比，改善商业环境，保持财政可持续性，并适当监控和管理金融风险。因此，这标志着尼日利亚开始推出一系列新的规划性发展政策性贷款。

案例 3.1：通过部分信用担保债券为公用设施融资（Dirie，2005）

　　约翰内斯堡制定了大量资本支出计划，以解决服务积压、维修款拖欠和人口增长等问题。约翰内斯堡的借贷需求显然超过传统银行的贷款规模，因此需要多样化融资渠道，以便延长债务期限来适应资产寿命。鉴于这些情况，约翰内斯堡不得不提出一个替代融资方案。

　　鉴于需要资本融资用以满足城市供水、道路与电力等公用设施的资本支出以及偿还现有的高成本债务,约翰内斯堡市发行了一种国债，其由国库总收入提供支持，并对主要资产有消极担保条款。成功之处包括：

增值 AA 债券（Fitch），是约翰内斯堡独立评级 A 的三级升级。债券发行获得 2.3 倍的超额认购，表明发行人和信用增级结构均获得市场认可。

投资者的强烈需求使得利差随着时间推移而紧缩，债券发行的长期期限改善了城市的偿债状况。

作为南非市政债务的基准，这类资本融资已经发展出一种要求期限较长的新融资方式，有可能应用于其他城市。

私营部门缺乏信心

除政府能力和威胁性监管环境之外，还有几个因素可能阻碍私营部门投资于基础设施项目。其中的因素之一是缺乏衡量"韧弹性"的基准数据和全球标准。

多个因素导致机构投资者的投资比例较低。这些因素包括投资决策过程的复杂性[15]、大型资产固有的多样性和复杂性、具体国家的财务制度、缺乏完善的可融资项目、风险回报方式、缺乏可靠的基准数据以及基金经理缺乏经验。另一个因素是资金投入基础设施需要相对较长的时间，一般需要 3.5 年，而不动产仅需 2 年（景顺集团，2016）。另一个问题是，韧弹性带来的效益往往无法察觉，也难以确定：在风暴没有造成灾难性损失的情况下，公司或家庭均无额外的现金流。

解决方案：前进途径之一是创造必要条件，大幅增加韧弹性城市基础设施的私人投资。从逻辑上来说，政府应该负责纯属公益事业，如果没有政府投资或慈善投入，该问题将无法得到解决。然而，政府、国际发展援助和多边开发银行的财政资源也应集中于创造必要的地方制度和监管条件，以促进私人资本投资于韧弹性增强项目，使之产生市场上可行的回报。这通常需要政府维持有效的启动和运营许可制度，制定竞争法和竞争制度实施机制，以及执行风险指引的土地用途和建筑规范。特别是对于城市基础设施，政府需要充当一个合格的监管者，为投资者准备项目，并在许多情况下为项目概念化和筹备过程提供部分资金。

发展中国家仍在努力解决治理框架不良、腐败猖獗和政治不确定性等问题——所有这些问题均增加了投资者对风险和相应回报的感知。虽然可以通过信用增级等方法一次性解决这些问题，但除非核心问题得到解决，否则私营部门的投资不会自由流动。此外，许多发展中国家——更不用说各级地方政府—— 并没有建立稳健的、友好的投资者管理制度来吸引投资者兴趣和／或采购大型项目。

政府、投资者和运营商均可受益于更多信息的分享和更加结构化的方式。

主要投资者希望利用数据基准跟踪资产表现，这是一个超出城市范围的挑战。对于机构基金和主权财富基金来说，长期和非流动性基础设施资产投资是一项战略性的资产配置决策。理想情况下，投资者根据基准做出决定，该等基准使投资者对其投资预期表现有清晰的认识。由于这类项目的跟踪记录有限，如无市场价格的反馈，则很难对风险和回报做出合理预测，这通常意味着委托书被用作基准。一般来说，政府和企业并不习惯相互分享基础设施资产方面的最佳实践或基准，更不用说详细的错误信息。

政府、投资者和运营商均可受益于更多信息的分享和更加结构化的方式。许多政府认识到投资者可以成为创意的重要来源——例如，哪些项目有最佳经济回报或者如何吸引私人投资。经合组织指出，提高市场指导措施对基础设施参与度的先决任务是建立全行业的报告标准、一致性定义和"韧弹性"指标以及可比项目的基准（经合组织，2014）。私人投资者基本存在知识缺口，这阻碍了他们对于不熟悉"前沿"市场投资机会的理解。投资者关于绩效追踪的需求是政府尚未解决的一项挑战。

解决方案：全球新兴市场本币债券指数（GeMX）反映了符合世界银行Gemloc 项目资格的国家以新兴市场本币计价的债务表现。该指数跟踪了来自24 个国家的 360 种债券，为评估债券市场和投资业绩提供了准确客观的基准。这些数据有助于吸引私人资金进行弹性投资（世界银行，2012）。

目前并无普遍认可的全球标准来衡量一个项目的"可持续"或"韧弹性"。投资者普遍认为，这一共同标准的发布可能释放大量资金。

解决方案：过去几年以来，世界银行集团通过多个正式和非正式工作组与各种类型的私营部门、发展银行和捐助伙伴展开合作，就气候融资和其他韧弹性相关的投资类别的共同原则达成一致。所提出的许多概念或系统已成为全球标准的竞争者。例如 2016 年 9 月，基金标签机构 LuxFLAG 推出一个气候融资标签，旨在确定资助气候变化减缓和 / 或适应措施的基金。East Capital、Finance in Motion、卢森堡小额信贷和发展基金以及 Nevastar

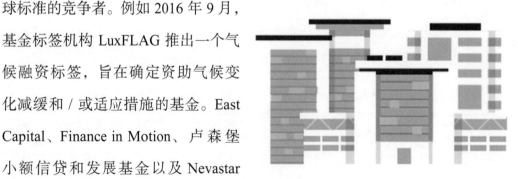

Finance 这四大基金公司已经宣布将使用这一新的认证标准来标示产品。该标准旨在创造更透明的金融环境并为投资者提供关于气候融资投资的必要信任的一种实践努力，是对《巴黎气候变化协定》所作承诺的一种回应。GIB 基金会和法国投资银行 Natixis 联合开发的 SuRe 标准是现已提出的另一个系统，旨在为基础设施的信用评级和保险定义可持续性和韧弹性原则。

项目筹备方面的挑战

许多韧弹性项目并未得到启动，其理由极为充分。对于政府来说，项目筹备的前期高额费用可能是该等项目无法逾越的障碍。

同样，城市政府和国家政府缺乏长期规划（例如编制资本投资计划）或在项目设计和编制中纳入危害和风险因素的能力，这不仅进一步挑战项目本身的长期可持续性，也挑战投资的长期可持续性。灾难事件之后维持和恢复服务的能力，或者抵御冲击和压力长期影响的能力，往往取决于该基础设施的初步规划和设计。同样，该基础设施运营和维护的准确和长期的预算规划在很大程度上取决于项目筹备阶段纳入所有危险和风险考虑因素。

预算限制制约了许多城市的韧弹性投资，即使在初期阶段也是如此。大多数促进社会韧弹性的举措——例如社区主导的扫盲计划、营养宣传活动或减少犯罪的举措——不会立即产生经济回报，但可长期提供可衡量的社会和财政利益。这种"公益"投资需要城市获取资源，为项目设计、实施和监测提供资金。许多城市政府无法负担昂贵的可行性研究费用，并且可能并无经验和制度能力来确定可供投资项目的"商业案例"。

解决方案：世界银行集团可为各种韧弹性投资的可行性研究提供技术和资金赞助，例如，国际金融公司向卡塔赫纳港提供了 20 万美元的准备性研究费用，以便从 2011 年开始，为该港口的全面修复从私营部门获得 1000 万美元资金，其中包括改善排水系统等气候适应措施的资金。世界银行的全球基础设施基金（GIF）旨在为基础设施调动私营部门和机构投资者的资本。对于"公益"投资，世界银行集团可以直接资助项目，以全球安全校园项目为例，该项目评估各学校的危害和结构风险状况，并就投资和干预策略提供建议，以提升学校的自然灾害抵御能力（世界银行，2016d）。

融资挑战

由于多种原因，发展中国家的地方政府和城市政府难以为基础设施项目筹集资金。其中包括其监管和制度能力的限制。因此，它们也难以为私营部门投资提供有意义的激励，难以向可能参与韧弹性项目的小型当地企业提供支持。

新兴市场中大多数城市的大部分运营和资本预算均依赖政府间财政转移支付（联合国人居署，2009）。当财政转移支付不可靠或不足时，可能使预算难以管理。该等转移支付计划的设计和城市依赖国家政府的程度因国家而异，但有些计划可能使城市面临高度不可预测的流动性，如涉及临时或自行决定的转移支付（例如，每年谈判转移金额）。其后果便是城市很难准确编制预算，并且在决定为长期韧弹性规划或项目筹备部署资源时显得被动且趋于风险规避，除非明显有国家资金持续提供支持。

解决方案：政府转向基于公式化和可能更稳定的转移支付制度是解决该问题的一个系统性解决方案。世界银行集团与其他捐助者共同提供技术援助，协助城市实施这一制度。

然而，即使经授权通过税收和收费增加收入，地方政府也缺乏足够资金来满足公共服务的持续需求。在过去20年里，一些国家向地方政府授予更大权力，同时要求其承担更大责任，然而，市政收入并不能满足转移支付责任所需支出的增长（联合国人居署，2009）。在发展中国家，大多数城市的自有收入通常基于财产税和使用费，而非基于所得税、销售税和燃油税等更丰厚的税收。财产税通常是城市自有收入的最大来源，而低收入可能是多种因素综合作用的结果，例如当地房地产市场价格较低，财产税税率极低（城市通常无法控制实际税率），缺乏完整和每年更新的财产登记册，和／或征收不力。此外，城市即使拥有职能性房地产登记处，也没有充分利用其他机制来增加收入。

　　解决方案：对于已经实施财政分权的国家（例如巴西、菲律宾、南非），解决方案是支持地方政府提高自身创收能力。该解决方案使政府能够直接投资韧弹性增强项目，或者投资当地环境，以吸引私人投资者参与特定项目。世界银行集团可以向感兴趣的政府提供支持，以创造有利的监管环境和解决能力制约问题，为基础设施发展释放资金。例如，PPIAF 最近帮助南非和哥伦比亚的几个大城市建构通过增加税收来拓展城市基础设施资金来源的能力。另一个解决方案是帮助政府确定和比较公共服务创收的各种商业模式。各政府，特别是新兴市场政府，需要尽可能从自有房地产投资组合和基础设施等现金产出资产中实现价值。世界银行的政府和社会资本合作（PPP）团队拥有丰富经验，能够支持政府做出正确决策，确定是否以及如何改革国有基础设施和 / 或与私营部门展开合作以提高教育、电力、医疗保健和卫生等公共服务的可及性（见案例 3.2）。

案例 3.2：提高赞比亚能源韧弹性的政府和社会资本合作

　　世界银行 PPP 咨询团队最近向赞比亚电力增容项目提供支持。赞比亚只有五分之一的人口可获得电力服务，而且两年干旱使现有水电设施瘫痪，引发全国性电力危机。在这种情况下，赞比亚签署了一项名为"Scaling Solar"的项目。该项目旨在通过竞争性招标和预先确定的融资、保险产品和风险产品，让政府可以更快速地和低

成本地采购太阳能。2016 年 5 月，第一次竞标结果超过最乐观的预期，全球七家领先的可再生能源开发商竞相争取建设赞比亚首个大型太阳能发电厂的机会。中标价格为每千瓦时 6.02 美分和每千瓦时 7.84 美分，是非洲迄今为止最低的太阳能价格，也是世界上最低的太阳能价格之一。

即使本地创业者和中小型企业的商业理念有助于提高城市韧弹性，但有限的资金和支持阻碍其参与其中。私营部门通常基于机会主义参与韧弹性项目，其参与并非促成变革的战略行动的结果。无法聚集项目限制了学习和影响。由于各种原因，包括融资协议的规模以及缺乏融资机会信息，中小企业和国有企业往往无法受益于增加韧弹性和适应气候变化融资的全球倡议。

世界银行集团可以向感兴趣的政府提供支持，以创造有利的监管环境和解决能力制约问题，为基础设施发展释放资金。

中小企业尤其难以获得应对策略，更可能不遵守行业规范和法规，这可能导致风险管理工具的采用性降低（Ballesteros & Domingo，2015）。但中小企业是世界上易受灾害地区国民经济的重要贡献者。例如在日本和泰国等国家，中小企业占所有企业的比例可能高达 90%（联合国世界减灾大会，2015）。开发有助于应对持续压力和自然灾害的创新商业惯例和商业模式对韧弹性构建至关重要。例如在印度尼西亚，LiveOlive 的创始人将 LiveOlive 称为"资金管理初创公司"，通过引导个人投资，帮助中低收入女性应对金融冲击和商业周期。这类小型企业在成长的不同阶段需要不同类型的资本、指导和支持——即使低于基金和机构投资者愿意提供的水平。

中小企业是世界上易受灾害地区国民经济的重要贡献者。

解决方案：世界银行目前正在评估建立"全球韧弹性基础设施基金"的可行性，这是一个基于市场的公私混合型基金，专注于在公共部门投资和私人投资者投资之间创造强大的乘数效应。基金目标是将私人资本挤入韧弹性基础设施和中小企业项目 / 基金。

许多城市缺乏资金或信誉来吸引私人部门投资。

开发有助于应对持续压力和自然灾害的创新商业惯例和商业模式对韧弹性构建至关重要。

由于无法创造足够收入来履行现有义务和维持现有项目，城市政府面临破产的共同挑战，这进一步增加了市政贷款的相关风险。这些限制增加了项目筹备成本，使投资者形成过度风险的看法，并产生低于市场的回报或加剧低于市场回报的情况。

解决方案：城市信用组织等技术援助项目有助于支持城市的信用，担保也是如此（见案例 3.1）。但为了满足基础设施项目"发起人股本"的需求，世界银行集团和其他发展银行也可以帮助填补资本缺口。国际金融公司每年在基础设施上投资约 10 亿美元。世界银行集团最近启动的全球基础设施基金将增加城市韧弹性基础设施的股本，该基金旨在联合国际金融公司在发展中国家进行广泛的基础设施股本和股本相关的投资。截至 2013 年末，该基金已筹集 12 亿美元的资金，超过 10 亿美元的目标，并已获得 11 名投资者的资本承诺。除了国际金融公司和 GIC（前身是新加坡政府投资公司）这两名主要投资者，还包括来自亚洲、中东、欧洲和北美的 9 名其他主权和养老基金投资者。该基金的价值主张是为机构投资者提供一个具有成本效益的平台，以便在市场——进入壁垒和交易成本可能对投资者构成重大制约因素的市场——直接进行基础设施投资。

城市基础设施项目设计和交付所需公共部门参与的类型和范围涉及投资者寻求缓解的风险类别。这些风险可能包括监管不确定性、政治不稳定和缺乏制

度能力。以道路、自来水和废水处理为例，自然垄断下所提供的城市服务受更严格的政府监督，因此容易受到政治干预风险的影响，而该等风险显然不受私人投资者的控制。为了消除这些风险看法，政府需要制定明确的监管框架、稳定和透明的采购程序，以及具备与私营部门有效交流和交易的技术能力。

解决方案：多边投资担保机构的担保有助于解决这些风险。例如 2014 年，多边投资担保机构向西班牙国际银行提供 3.61 亿美元的不履约担保。这项担保具体涵盖西班牙国际银行为圣保罗可持续交通项目而向圣保罗提供的贷款，该项目使圣保罗能够投资于交通基础设施和相关活动。此外，政府本身也可以发行不同类型的担保或循环信贷额度，以应对这些风险。

新兴市场基础设施的外国投资可能涉及外汇风险。外国融资可能造成以当地货币提供基础设施所得收入与以外币偿还债务之间的错配，必须进行对冲支付。对于一些项目来说，货币错配始终是不稳定的根源，甚至导致长期合同重新谈判。而对于许多"前沿"市场来说，货币互换在商业上无可行性。

解决方案：世界银行集团可以提供这种互换服务。例如在以下的案例研究中，亚洲金融危机导致国际金融公司所提供的一些私人电力项目出现重大问题。

城市很难获得韧弹性所需的资金。为了增加可用于韧弹性投资的资源，城市可以向商业银行或资本市场借款。但在新兴市场中，除非获得国家政府的主权担保或批准，否则城市将缺乏合法的借贷权限，难以获得所需资金。信用不良是另一个制约因素，在某些情况下，地方政府有违约历史。在可以合法借款的情况下，新兴市场城市通常试图通过当地银行部门筹集资金，但这些银行部门的贷款条件并不适合为新基础设施提供资金。虽然资本市场提供其他成本更低、期限更长的融资来源，但在发展中国家的 500 个最大城市之中，只有不到

20% 能够进入当地资本市场，另外仅 4% 能够进入国际资本市场。

解决方案：城市信用组织通过以下方式向设法提高信用的城市提供技术援助和培训：

⦿ 提高财务绩效；

⦿ 为负责任地方政府借款制定有利的法律、监管、制度和政策框架；

⦿ 通过开发稳健的气候智能型项目，改善融资"需求"侧；

⦿ 通过与私营部门投资者接触，改善融资"供应"侧。

提高城市韧弹性将需要各种投资：公共和私人投资、多边开发银行贷款和发展援助、国内和国外直接投资。

自几年前启动该计划以来，城市信用组织已经与坦桑尼亚、哥伦比亚、约旦、卢旺达、土耳其等国的 260 多个地方当局合作，以实现协助 300 个城市改善财政管理和信用的目标。应对该挑战的另一类解决方案是与当地银行合作，加强当地资本市场和 / 或创设当地机构，旨在增加城市获得"韧弹性"基础设施投资的融资机会。世界银行集团发起  了一系列成功的类似项目，以此模式为私营部门提供资金，其中最显著的是能源效率项目。例如 2010 年，世界银行批准了中国民生银行申请的 1 亿美元贷款，以发展能源效率项目贷款业务，帮助中国政府实现能源利用方面的宏伟目标。作为该项目的内容之一，民生银行承诺为能源效率和可再生能源项目提供相当于其自身资源总和的 5 亿美元贷款。另一个近期案例是世界银行和印度政府于 2015 年为能源效率项目创建的部分风险分担工具，这项试点操作旨在通过提供保险来减少商业机构在为需求方能源效率项目融资时感知的风险，从而消除能源效率项目和融资的各种市场障碍。按照设计，该项目有可能以世界银行资金 3 ：1 的比例释放私营部门的资金。

3.3 私人融资的潜力

即使加上政府发展援助，公共投资仍然不够。鉴于城市基础设施和其他韧弹性投资的预计资金缺口规模，提高城市韧弹性将需要各种投资：公共和私人投资、多边开发银行贷款和发展援助、国内和外国直接投资。韧弹性投资需要尽可能充分利用各公共部门的资金，包括每年 1640 亿美元的政府发展援助资金（发展援助委员 / 经合组织，2014）。

私人融资可按项目股权的形式直接流入增强韧弹性的城市基础设施，或按向项目或服务提供公司提供贷款的间接方式参与。各渠道的重要性因国家而异，取决于国内资本市场、监管框架、部门发展程度以及投资者的复杂程度。然而下列特点将基础设施资产与其他类型的固定资本区分开来：高额的前期建设成本；高初始风险（例如政治、政策变化、建筑成本意外超支、需求不确定性）；收入时间段（往往与资本投资时期脱钩）。这些特点意味着，城市基础设施最可行的融资方式是长期项目融资，例如长期债券和机构投资者（例如主权财富基金）提供的融资。

项目融资的最大份额通常由债务组成，而债务通常由对项目管理并无直接控制权的债权人提供。债权人试图通过抵押品和合同来保护投资，即所谓的一揽子担保，以确保其贷款得以偿还。一揽子担保的质量与项目风险缓解的有效性密切相关。由于项目融资依赖于项目的现金流量以及支持和确保该等流量的合同安排，因此必须确定项目中可用的担保，并设立一揽子担保，以减轻参与者所感知的风险。一些项目可能需要额外支持——以发起人或政府担保的形式——将信贷风险提升到可以吸引私人融资的水平。股权（发起人、供应商、私人投资者）和银行贷款在项目建设阶段更常见（当风险更高时），而债券在运营阶段更常见（当项目能够产生现金流且风险更低时）。

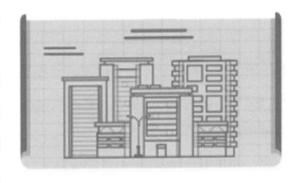

　　投资资本似乎很丰富，但很少流向城市韧弹性基础设施项目，尤其是最贫穷国家的项目。传统和非传统投资者对城市基础设施有很大的资金投资潜力。养老基金和保险公司等长期投资者表示愿意增加对这类资产的分配（经合组织，2014）。养老基金和主权财富基金掌握 106 万亿美元的机构资本可供潜在投资（麦肯锡，2016）。在公共方面，2014 年只有 6.4% 的登记公共资金流向气候适应项目；发展中国家的这一数字为 225 亿美元，而 2015 年至 2030 年期间气候适应投资需求估计在 1400 亿至 3000 亿美元之间（气候政策倡议组织，2015）。

　　迄今为止，大多数流入基础设施项目的私人资本已经成为债务工具，这在协定关税和收费公路等可预测现金流的项目方面具有意义（麦肯锡，2015b）。基础设施的股本主要来自"基础设施基金"，与养老金或主权财富基金不同的是，该基金专用于这类投资。虽然债务资本相对充足，但发起人股本却更少。例如麦肯锡 2015 年关于基础设施的一份报告指出，由于公共债务、贬值货币和高杠杆率的公司资产负债表，巴西未来几年将有债务盈余，但基础设施股权融资不足。在这种情况下，如果没有足够股本来吸引完成交易所需的贷款，潜在可行的城市基础设施项目将无法获得融资。

过去几年，基础设施本身作为一种资产类别获得了稳步增长。

尽管如此，鉴于目前全球较低的增长预测，机构投资者和主权基金表示有极大兴趣考察更广泛的投资机会。这些包括"前沿"新兴市场的非流动性基础设施资产，以此作为提高低回报的手段（景顺集团，2016）。过去几年，基础设施本身作为一种资产类别获得了稳步增长。随着主权基金继续获得新的资金，它们将通过增加平均投资时间和分散投资类别，包括增加基础设施贷款，从长远角度管理其投资，从而扩大了可用于基础设施的资本池（主权财富基金研究所，2016）。例如，景顺集团 2016 年的主权基金年度调查指出，主权投资者对基础设施的平均投资组合已从 2012 年的 1.4% 增长到 2015 年的 2.8%，复合年增长率为 25%。发展机构和私营部门需要持续共同努力，在新兴市场特别是在最贫穷国家创建一系列银行可担保的项目。正如世界银行在 2016 年 7 月发布的关于政府和社会资本合作的博客所指出，在人均年收入低于 1215 美元的 66 个国际开发协会成员国之中，只有 9 个国家在 2015 年关停了私人基础设施项目。这些项目共计 16 个，以能源、交通以及供水和卫生设施为主，投资价值仅为 46 亿美元。

过去几年，基础设施本身作为一种资产类别获得了稳步增长。相比之下，2015 年所发布的私人参与基础设施建设的数据显示，2015 年所有新兴市场的私人基础设施投资承诺为 1116 亿美元。

在本章中，我们研究了城市韧弹性项目在获取公共和私人资金过程中存在的一些障碍。我们探讨了世界银行集团及其合作伙伴努力克服这些障碍的一些具体方法。在下一章中，我们将详细介绍世界银行为帮助城市获取韧弹性项目资金所制定的战略，以及世界银行提供的服务、项目和工具。

第4章 机遇：世界银行集团如何增加城市韧弹性的价值

扩大城市韧弹性投资——特别是基础设施投资——对于实现世界银行集团结束极端贫困和促进共同繁荣的双重目标至关重要。鉴于发展收益存在风险以及城市系统日益增长和具有复杂性，世界银行集团向有意投资城市韧弹性项目的城市和国家客户提供融资以及技术和咨询服务。如前一章所述，城市韧弹性融资存在巨大需求。这在分权制国家尤其重要，因为地方政府的现有支出水平往往不足以满足城市公共服务的需求，更不用说支付与气候适应和韧弹性投资相关的"额外"成本。世界银行集团等多边发展金融机构可以在协助韧弹性投资项目筹备、锚定和利用私人资本来弥补所需资金的缺口方面发挥关键作用，扩大韧弹性项目干预措施。这符合世界银行集团的承诺，即在这一不断增长的领域保持领先地位，并提供财政支持和技术援助，除了应对具体威胁之外，还从总体上积极支持城市韧弹性项目（世界银行，2014a）。

该承诺为有意参与城市韧弹性项目的私人投资者提供了巨大机会。我们在这里强调世界银行集团可以帮助调动私人资本、机构投资者、主权财富基金和捐助者援助，以确保数十亿美元的可用发展资金能够挤入满足这些需求所需的数万亿美元额外资金。对任何私人投资者来说，潜在投资机会风险和回报之间的权衡是重要的考虑因素之一。正如我们所看到的，虽然单纯由私人提供资金的基础设施在发展中国家取得了一些成功，但对私人投资者来说，这些投资的相关风险水平往往太高。

世界银行集团等多边发展金融机构可以在协助韧弹性投资项目筹备、锚定和利用私人资本来弥补所需资金的缺口方面发挥关键作用，扩大韧弹性项目干预措施。

此外，城市政府和国家实体缺乏大规模筹备和组织项目的能力，无法吸引私人资本。世界银行集团可以通过金融工具、咨询服务和技术援助，帮助克服上一章所确定的一些韧弹性融资障碍，这有助于降低风险，促进合理有效的项目设计，从而增强投资者对潜在城市韧弹性项目的投资信心。

4.1　目前已制定哪些有助于获得韧弹性资金的策略

虽然融资需求因城市和行业而异，但也有一些共同点。首先，城市需要改革，为城市韧弹性项目方面的扶贫投资创造更有利的环境。这需要解决体制瓶颈、监管改革、公私合作能力以及更好的韧弹性规划。需要为运营和维护增加专用资金，以恢复现有基础设施和维持新投资。

案例 4.1：南非公用设施主导型能源效率 / 智能电网项目

2006 年末，一场事故导致开普敦地区的科贝赫核电站关停。由于事故规模较大以及备用发电机或输电能力受限，该地区的停电时间长达数月。电力公司（ES KOM）资助了一项能源需求减少计划，成功地避免了灾难性停电。

两年之后，ES KOM 面临第二次停电，而这次是全国范围的停电事故。鉴于该系统受到能源和峰值容量的限制，世界银行被要求协助南非缓解电力危机。世界银行支持三方面的工作。第一项包括参照巴西 2001 年实施的一项计划快速设计电力定量配给计划。巴西通过该计划在 9 个月内节约了 20% 的能源，并且没有出现任何大面积断电或电力不足的问题。这类计划被认为是管理需求方电力配给的最有效公用设施干预措施之一。

世界银行项目的第二项工作是简化需求管理项目，使电力大用户能够减少用电 / 错峰用电。第三项举措是建立一个标准报价模型，以便公用设施机构可以根据这个模型商定价格"购买"能源效率和减负荷资源。因此，这相当于能源效率领域的税收。基于这一计划，其概念已经能够管理 700MW 的峰值容量，ES KOM 可以使用这些容量来管理电力系统。其他一些国家也采用了这一模式提高能源效率。

此外还需要注重需求方投资，以增加基础设施和服务的使用机会，特别是城市贫困人口的使用机会。世界银行集团提供的技术援助项目可以支持在城市、国家、社区和家庭层面上进行此类投资。例如 2006 年，世界银行支持了开普敦的一个需求管理项目，以减少公用电网的峰值能源负荷（见案例 4.1）。

多边开发银行特别是世界银行集团具有可以提供必要的催化资源和技术支持的独特能力，以利用私人投资者、机构投资者、主权财富基金和捐助者的资金。世界银行集团将内部能力、知识和财政资源结合起来，可以在缩小"匹配"差距方面发挥关键作用，从而推动私人资本流向可持续和韧弹性城市基础设施。研究结果表明，多边开发银行在气候相关投资上所投入的每 1 美元均吸引了 3 美元的私人资金（国际金融公司，2013）。世界银行集团可以成倍增加私人资金，这是因为它通过债券销售筹集的每 1 美元均将带来 5 美元的贷款。对于国际复兴开发银行/国际开发协会和多边投资担保机构的担保，每担保 1 美元，则有超过 4 美元的商业资本可用于投资。此外，世界银行集团在促进政府和社会资本合作（PPP）方面具有丰富经验，这一合作是通过创新风险分担机制增加私人投资的有效途径。例如通过整合基于产出绩效的合同，世界银行除有助于确保资本支出之外，还能为运营和维护提供资金（见案例 4.2）。

研究结果表明，多边开发银行在气候相关投资上所投入的每 1 美元均吸引了 3 美元的私人资金。

案例 4.2：巴西基于绩效的合同

为了探讨公路融资的新选择方案，世界银行通过基于绩效的公路修复和养护合同（CREMA）提供资金。该项目组成部分包括公路融资支持体制和管理体制，以及支持可持续公路无障碍设计和安全性的其他投资。该项目的第二部分投资支持基于绩效的州际公路修复和养护"项目"，以提高可持续性和安全性。其中包括对巴伊亚 1685 千米已确定公路修复和养护绩效合同的投资，以及根据 CREMA 合同对另外 685 千米高速公路修复和养护工程的投资。通过将公路修复和养护纳入基于绩效的合同，项目投资可以更好地支持公路的长期韧弹性。因此，所提供的经费是为了确保修复之后，公路能够承受降雨和洪水等高强度气候事件的影响。该项目的额外投资包括支线公路及排水系统改造投资。这些投资还支持巴伊亚公路网的长期韧弹性。

此外，世界银行集团提供和启用的优惠性融资可以为与"韧弹性"基础设施投资相关的增量成本以及技术援助和项目筹备工作提供资金。即使提高基础设施对气候变化和灾害影响的抵御能力相关的增量成本可促进后期节约且总体上具有高成本效益，但为高额前期成本融资可能是一项挑战，在最小、最贫穷和更脆弱的国家，有充分理由提供优惠性融资。关键因素是使各国获得一系列外部气候融资措施，并与合作伙伴和捐助方展开合作，使优惠性融资渠道协调化、简单化和合理化（世界银行，2016b）。例如，国际金融公司混合气候融资团队正在开发有助于各国更广泛地获得优惠性融资的一系列产品和体系（国际金融公司，未注明出版日期）。

为实现提高城市韧弹性的最终目标，需要解决基础设施和其他差距的根本问题。虽然公共和私营部门都可以提供基础设施，但只有公共部门可以规划和管理基础设施。增加城市韧弹性的私人投资存在挑战，增加对基础设施的投资更是如此，该挑战要求在多个方面同时采取行动，其中包括：加强规划能力、监管能力以及制度能力，以创建筹备充分、投资充足的项目；鼓励将基础设施作为资产类别进行投资（将私人投资引入基础设施）。这也适用于城市韧弹性方面的非基础设施投资，例如保护公共健康和减少城市贫困人口易受社会经济冲击的措施。

> 增加城市韧弹性的私人投资存在挑战，增强对基础设施的投资更是如此，该挑战要求在多个方面同时采取行动。

4.2　世界银行集团在哪方面有比较优势

城市韧弹性项目新兴投资组合

从 2012 年至 2016 年，世界银行集团向 41 个国家的 79 个核心城市韧弹性项目提供了资金，总额达 97.2 亿美元。在这五年期间，每年平均投资额略高于 18 亿美元（图 4.1）。如图 4.2 所示，大部分城市韧弹性融资项目位于东亚和太平洋地区（38.3%）以及非洲地区（27.2%）。主要贷款工具是投资项目融资（87%），包括特定投资、紧急恢复、技术援助、适应性项目和金融中介贷款。结果导向型项目贷款（PforR）占7%，而发展政策性贷款占城市韧弹性项目组合的6%。核心城市韧弹性项目贷款的完整清单见附件2。这是对融资金额的保守估计，因为在同一时期内，其他151个非核心城市韧弹性项目获得了175亿美元的融资。案例4.3介绍了越南芹苴市的一个城市韧弹性项目。

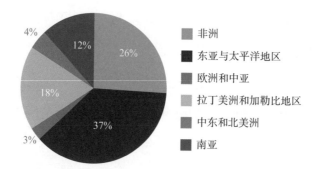

非洲
东亚与太平洋地区
欧洲和中亚
拉丁美洲和加勒比地区
中东和北美洲
南亚

图4.1　2012—2016财年按区域分列的城市韧弹性贷款承诺

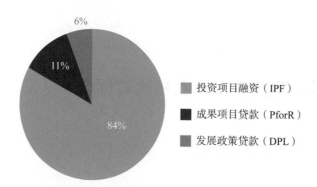

投资项目融资（IPF）
成果项目贷款（PforR）
发展政策贷款（DPL）

图4.2　2012—2016财年按工具分列的城市韧弹性贷款承诺

经验的深度和广度

世界银行集团在提供高质量城市韧弹性解决方案方面拥有全球知识库、示范经验和成功的业绩记录。世界银行能够借鉴几十年来在城市发展、灾害风险管理和气候变化适应方面的发展政策、项目和方案的国际经验。其中涉及数十亿美元的贷款，以及数千个跨部门的城镇政策对话。具体而言，世界银行与各城市合作开展一系列项目、制定各种政策和方案，通过灾害风险管理和气候适应方法、市政财政能力建设、韧弹性城市基础设施和风险敏感性土地使用规划，以及通过多边投资担保机构、国际金融公司和世界银行金融局对冲和降低城市公共和私人投资的风险，构建社会、财政和物理韧弹性。

> 世界银行能够借鉴几十年来在城市发展、灾害风险管理和气候变化适应方面的发展政策、项目和方案的国际经验。

除对发展产生影响之外，这些倡议对融资创新和多部门倡议的知识体系作出了重大贡献。

城市发展：世界银行在城市发展方面的投资组合随着成员国需求增加而增长。自 1972 年第一次批准城市贷款业务以来，世界银行已经向超过 130 个国家中的 7000 多个城镇提供了投资和技术援助（世界银行，2010）。

> 世界银行在城市发展方面的投资组合随着成员国需求增加而增长。

城市投资组合包括对住房、基础设施、贫困人口窟改造、城市发展、地方经济发展、自然灾害管理、环境改善和社会服务的投资。

案例 4.3：芹苴市城市发展和韧弹性项目

芹苴市人口约为 125 万，年增长率为 5%。作为越南的第四大城市和湄公河三角洲的第一大城市，芹苴市是该地区经济增长的引擎，在促进三角洲粮食安全方面具有战略作用。尽管这个城市蓬勃发展，但它正面临着多重威胁，主要是季节性洪灾、海平面上升、地面沉降和快速城市化的威胁。

该城市已筹集 3.22 亿美元的投资，用以解决经济、社会、环境和财政层面的韧弹性问题，从多个方面管理洪灾和其他风险。该项目包括以下内容：

⊙ 洪灾风险管理和环境卫生；

⊙ 城市走廊发展，以增加城市内部的连通性，鼓励紧凑型、多用途、行人和公共交通导向型城市发展；

⊙ 金融和社会保护工具，以改善空间规划、数据和信息管理、灾后预算执行以及安全网对洪水事件的响应性。

这项投资由越南政府和瑞士联邦政府经济事务秘书处共同出资，相关资料来自 CityStrength Diagnostic 的成果。

资料来源：（世界银行，2016f）

用于支持预警系统和韧弹性基础设施等事前措施的资金是灾后恢复支出的三倍。

城市投资组合目前包括 397 个活跃项目，价值 268 亿美元，其中 70% 的项目位于非洲、东亚 / 太平洋地区和拉丁美洲 / 加勒比地区。

灾害风险管理：投资组合的核心是一个稳健且不断改进的灾难风险管理计

划。灾害风险管理年度融资从 2012 财年的 37 亿美元增加到 2015 财年的 57 亿美元。这些投资既包括具体的灾害风险管理活动，也包括将灾害风险管理纳入农业、供水、能源和运输等其他部门的活动。在此期间，用于支持预警系统和韧弹性基础设施等事前措施的资金是灾后恢复支出的三倍。此外，低收入国家需要的所有融资（国际开发协会承诺）均经部门特定的措施进行灾害和气候风险筛查（发展委员会，2016）。案例 4.4 的城市灾难风险管理投资示例展示了伊斯坦布尔减轻地震风险和应急准备项目的成果。

案例 4.4：伊斯坦布尔地震风险减轻和应急准备项目（ISMEP）

伊斯坦布尔拥有 1500 万居民，不仅是土耳其人口最多的省份，也是土耳其的金融、文化和工业中心，占全国 GDP 的 28%，创造了 38% 的全国工业产出和 44% 的税收收入。在土耳其 500 强工业公司中，188 家位于伊斯坦布尔。该市作为生产和进出口中心，其 825 亿美元的 GDP 面临着多种灾害事件威胁，其中最主要的是地震。

在过去十年中，伊斯坦布尔地震风险减轻和应急准备项目（ISMEP）通过增强其灾害管理和应急反应的制度能力和技术能力，加强关键的抗震公共设施，以及支持建筑规范的有效执行，帮助伊斯坦布尔改善防震准备工作。投资的结果是：

◉ 包括学校和医院在内的 1258 栋高风险建筑得到加固，直接惠及约 150 万人；

◉ 这些建筑通过改造延长了使用年限，实现了 2.27 亿美元的增值；

⊙"有"与"无"项目之间的未受损资产价值差额避免了 7.28 亿美元的直接损失。

ISMEP 最初获得国际复兴开发银行 4.1526 亿欧元（5.5 亿美元）贷款和额外融资的支持，还从欧洲投资银行、欧洲委员会发展银行和伊斯兰开发银行获得了 13.6 亿欧元的融资。根据 ISMEP 执行安排，其将继续为关键公共设施降低风险提供融资，直至 2020 年。

资料来源：（世界银行，2016g）

气候变化适应：世界银行集团已经成为应对气候变化的专业机构，气候变化适应是其核心使命中的主要挑战。长期持续减贫需要实现全球气候目标，包括帮助各国适应气候变化。在 2011 财年至 2015 财年之间，世界银行集团平均每年发放了 103 亿美元贷款，约占所有承诺额的 21%，以帮助发展中国家减

轻气候变化的影响，适应气候变化的挑战。在此期间，世界银行集团通过 900
多个气候相关活动项目共发放了超过 500 亿美元贷款，其中 73% 用于降低风险，
23% 用于适应变化（世界银行，2016b）。

> 世界银行集团已经成为应对气候变化的专业机构，气候变化适应
> 是其核心使命中的主要挑战。

应对城市韧弹性挑战的能力

城市韧弹性建设需要采取多部门方法。正如我们所见，城市由复杂和高度
依赖的多个系统网络组成。冲击和压力将影响一系列不同的部门，而韧弹性构
建涉及不同服务、职能和利益相关方之间的协调。世界银行集团处于有利地
位，能够采取跨部门的方法进行城市韧弹性建设。世界银行在全球范围内使用
最广泛的惯例是关注可持续社区，将城市发展、灾害风险管理、社会发展和土
地用途等团队整合起来。城市韧弹性正是采用这种惯例进行机构领导，同时与
供水、能源、交通、金融和市场等其他相关部门以及气候变化和贫困等交叉领
域展开协调和协作。

同时需要改善政策环境，以促进变革。正如第 3 章所指出的一样，调动发
展资金至关重要，但这只是难题的一部分。

> 世界银行集团处于有利地位，能够采取跨部门的方法使城市具有
> 韧弹性。

城市韧弹性投资的有利环境需要适当政策，还需要良好政策和有效监管框
架来促进城市韧弹性构建，例如建筑规范的适当实施机制。世界银行集团协助

成员国进行政策分析，并帮助识别改革机会。这一过程还有发展政策性贷款的支撑，成员国可通过取得认可的政策改革进展而获得预算支持。

世界银行集团协助成员国进行政策分析，并帮助识别改革机会。

资源利用能力至关重要。随着气候变化和世界城市化，世界银行集团正在增加对气候变化、灾害风险管理和城市发展的贷款承诺比例。这些承诺额将利用来自其他捐助者、私营部门、基金和民间团体的其他资源。例如自 2009 年以来，国际金融公司从核心私营部门筹集了 47 亿美元，并促成其他来源提供 300 亿美元的共同融资，使得与气候相关的私人共同融资总额

达到 347 亿美元（世界银行，2016b）。在第 21 届缔约方大会上，世界银行承诺到 2020 年将气候相关投资组合的占比从 21% 增加到 28%，每年融资总额（包括杠杆联合融资）可能达到 290 亿美元。世界银行随后在《气候变化行动计划》中阐述了如何在部门基础上实现这一增长，同时重新平衡其投资组合，更加注重适应性和韧弹性。案例 4.4 是伊斯坦布尔的资源利用案例。

利用全球知识库有助于良好实践和经验共享。分布在 6 个地区的数百名专业人员目前正在研究各种城市韧弹性问题。该知识库代表一个网络化的经验和知识储存库，用于指导如何增强城市韧弹性。下文详述的内部和外部伙伴关系是确定和分享良好做法的另一个途径。

最后，世界银行可以利用其召集能力，使国际、国家和地方各级的不同合作伙伴共享知识，并将城市韧弹性需求与资金和专门知识供应联系起来。

重要的是，世界银行集团已经展示出整合所有要素的能力。世界银行凭借自身经验、全局知识和融资能力，完全有能力解决第 3 章中所确定的许多资金缺口。它能够通过识别有吸引力的风险 / 回报机会，了解适当金融措施的范围，协助成员国准备银行可担保的投资，并就有效投资所需的辅助性政策改革提供咨询，吸引更多私人融资。

> 世界银行可以利用其召集能力，使国际、国家和地方各级的不同合作伙伴共享知识，并将城市韧弹性需求与资金和专门知识供应联系起来。

4.3 世界银行支持城市韧弹性的服务

增加城市韧弹性，特别是城市贫困人口的韧弹性，需要从个人、家庭到国家的不同层面实施干预。这包括在冲击发生前采取措施，以减少影响或风险；它还包括事后应对能力支持，并提高事后恢复或韧弹性能力。为此，需要从不同角度理解韧弹性。

个人和家庭

这包括他们有机会通过生活在安全地点和安全住所来尽量降低风险，并通过改善健康、知识和使用安全网来增强其适应能力。

社区

这包括社区在风险减轻方面的合作能力——例如分享关于当地风险的信息，以不损害其风险减缓能力的方式使用基础设施和服务（包括自然生态系统），或者在政府未能提供的情况下提供这种基础设施。

世界银行集团提供范围广泛的专门融资产品和服务，助力个人 /
家庭、社区、城市和国家层面的城市韧弹性建设。

城市

这包括城市提供减轻风险的基础设施和服务的能力，如提供排水和卫生系统、全天候道路、饮用水供应、医疗保健和紧急服务的能力。还包括在灾后快速修复或恢复这些设施的潜力。实施有效的土地使用规划和建筑规范制度，可以进一步增强建筑环境的韧弹性。

国家

为了支持城市层面的干预措施，各国可以保障并提供城市韧弹性投资所需的资金，并创造必要的政策和制度环境，以促进私营部门对城市韧弹性投资。作为一个主权国家，各国政府有时更能为城市韧弹性投资获得资金——无论是通过多边发展融资、债券还是担保的形式。

这一框架在下文中用于确定世界银行集团可提供的增强城市韧弹性的相关技术援助和融资方案。世界银行集团提供范围广泛的专门融资产品和服务，助力个人 / 家庭、社区、城市和国家层面的城市韧弹性建设。重要的是，这些金融产品和服务提供了利用私人资本的机会，以填补成员国需求与世界银行集团等多边发展机构现有融资之间的缺口。

　　世界银行还通过若干方法、咨询服务和分析（ASA）、有偿咨询服务（RAS）以及技术援助，向感兴趣的城市和国家提供完整的城市韧弹性融资方案。

　　重要的是，它们可利用私人资本来填补城市需求与多边发展融资的缺口。下文概述了可用于城市韧弹性目标的技术援助、融资、保险、债券和担保。关于这些融资产品和服务的详细描述见附件3。

技术援助

　　世界银行在全球范围内推行将城市和韧弹性／灾害风险管理团队联合起来的实践做法。为了充分协助城市做好应对冲击和压力的准备，工作团队合作开展其他全球实践，例如，流行病方面的卫生监测、城市服务方面的水和能源供应、可持续交通。这种合作的结果是，围绕城市韧弹性创建实践社区，使城市能够识别其脆弱性，并通过发展和投资活动来减轻风险和适应变化。世界银行也有一些措施可以促进机构内部的对话，以便更好地为城市和发展伙伴服务，例如在城市洪灾、脆弱性和冲突、灾害应对和韧弹性方面提供服务。

　　世界银行已经开发了一些分析工具和方法，用于评估和确定优先次序。世界银行集团始终致力于将成功方法融入"工具"之中，以便更好地为城市合作伙伴服务。大多数灾害风险相关工具的测试和开发获得了全球减灾与恢复基金的支持[16]，而能源使用、土地价值获取、增税融资和城市融资相关的工具和服务则基于世界银行各种城市活动进行测试[17]。世界银行还可以使用各种城市韧弹性工具，如由外部合作伙伴开发并通过联合国人居署和城市联盟所支持的城市韧弹性联合工作计划进行分类（http://resiliencetools.org/tools-overview）。全球韧弹性领导机构整合了关于城市韧弹性的制度知识和经验，以便在整个机构中使用。案例 4.5 展示了应用多种措施造福埃塞俄比亚城市的案例。

案例 4.5：埃塞俄比亚城市安全和韧弹性分析

埃塞俄比亚是世界上城市人口增长最快的国家之一。预计其人口将从 2012 年的 1500 万增至 2034 年的 4200 万，每年增长速度为 5.4%。2015 年初，城市强度诊断（CityStrength Diagnostic）方法在亚的斯亚贝巴成功开发并使用，埃塞俄比亚政府决定将城市韧弹性技术援助方案扩大到其他 9 个区域首府——Adama、Assossa、Bahir Dar、Gambella、Harar、Hawassa、Jigjiga、Mekelle 与 Semera-Logia，以及 Dire Dawa 城市管理局。该项目建立在城市强度诊断（CityStrength Diagnostic）方法的基础上，同时通过增加风险映射、建筑框架审查和快速评估城市地区的应急管理能力来提高该方法的严谨性。

初步评估发现，所有这些地区都面临着越来越多的洪灾和火灾风险。其中大多数地区面临地震风险，但没有采取任何措施应对地震事件。这些地区还面临着许多城市压力，其中包括严重缺水、住房短缺、交通事故增加和失业等压力。此外到 2037 年，预计这些城市的人口将增加 2 倍，是目前建成区的 3 倍之多。这些区域首府正处于抉择的十字路口，关于基础设施、服务和建筑的类型与位置的决定将影响城市整体安全、风险等级和气候特征。

咨询分析发现，如果投资改善城市韧弹性，则可以在生活和未来经济损失方面节省大量资金。这些投资不仅可以节约城市服务和韧弹性基础设施发展的长期成本，而且可以保护来之不易的发展成果。例如改进洪水管理方法（涉及遵守土地用途的监管要求），将使年平均损失从现有水平减少到约 9300 万美元，每年净节省约 2.3 亿美元。因此目前已确定五个主要的重点领域和投资，以加强这些区域首府的韧弹性：

- 以风险敏感的方式有效管理城市快速增长，重点关注最弱势群体；
- 更好地管理洪水和水资源短缺；
- 改进灾害预防工作，包括消防安全和应急响应；
- 改善监管框架，以减轻地震风险；
- 加强建筑环境的总体安全，支持关键部门重点事项。

资料来源：（世界银行，2016h）

世界银行集团始终致力于将成功方法融入"工具"之中，以便更好地为城市合作伙伴服务。

世界银行集团提供技术支持和资源，帮助地方政府增强能力，从而提高自有收入、改善财政管理和提高信用。它还提供赠款资金，支持项目筹备和提供深入的技术支持，以构建城市能力，特别是创建投资者认可的项目所需的技术和投资前研究筹备能力。世界银行进一步支持各国政府考察，提供各种服务结构，以改善服务提供与资本投资决策和资源分配的一致性。

融资办法和方式

为了释放更多的第三方融资，政府需要世界银行有能力提供各种支持。这包括开发前融资，以及为能力建设提供技术援助，从而概念化、规划、筹备和谈判投资者认可的韧弹性项目。公共部门技术能力越好，则越能减少不确定性，从而降低私人投资者的资本成本。

世界银行集团及其合作伙伴始终致力于减少交付时间和／或成本，以提高资金流的效率，在紧急需求和危机情况下更是如此。

相关机构应向政府提供支持，以便政府了解吸引和保留私人资本所需的条件，并了解特定政府政策或作为（或不作为，视情况而定）的成本。世界银行集团及其合作伙伴始终致力于减少交付时间和／或成本，以提高资金流的效率，在紧急需求和危机情况下更是如此。

利用世界银行集团资源构建城市韧弹性项目有多种方法和模式。但融资本身由以下三种具体途径之一提供：投资项目融资（IPF）、发展政策性贷款（DPL）和成果导向型项目贷款（PforR）。

投资项目融资（IPF）

投资项目融资（IPF）允许世界银行向成员国减贫和可持续发展项目提供资金。借款国可以根据其目标、期望达到的结果以及所面临的风险来选择 IPF

工具。IPF 支持有明确发展目标、活动和结果的项目，为具体支出交易提供资金，并根据符合条件的开支支付世界银行的融资收益。

发展政策性贷款（DPL）

发展政策性贷款可以支持对话产生的政策改革。世界银行通过发展政策运作，支持成员国在促进发展和可持续减贫方面的政策和制度行动计划。这类融资通常提供预算支持，用以认可政策和制度改革，例如改善投资环境、经济多样化、创造就业、改善公共财政、加强服务供应和履行适用的国际承诺。

其中一些改革有助于增强韧弹性，例如优化城市地区投资环境的改革。可以想象的是，发展政策操作可被定义为主要关注城市韧弹性的工具。案例 4.6 概述了巴西城市韧弹性政策贷款的案例。

案例 4.6：贝洛奥里藏特的发展政策性贷款

贝洛奥里藏特是巴西的第六大城市，贫困率很高，在住房条件、就业机会和性别平等方面存在资源分配不均的情况。2013 年，世界银行向该市提供了 2 亿美元的发展政策性贷款，用于支持包容性城市发展，减少贫困人口脆弱性，促进绿色和可持续发展，并加强社会和财政可持续性城市治理。该贷款建立在现行改革的基础

之上，该等改革范围涉及住房开发、重新安置、社会方案、适应和减缓气候变化、灾害风险管理和成果管理等方面。

城市政府在贷款拨付期间采用了雄心勃勃的参与性决策机制，以促进公民直接参与预算分配、政策决定和规划。该城市还采纳了最先进的重新安置政策和方法。它率先采取创新办法帮助最脆弱的家庭，针对现有社会方案未能惠及的家庭，视其具体需求制定具体的发展行动计划。最后，该城市制定并实施了一项城市气候变化行动计划，并优化了灾害预警和报告系统。

资料来源：（世界银行，2015c）

成果导向型项目贷款（PforR）

同样，成果导向型项目贷款也可以支持积极的政策改革，促进城市韧弹性。PforR 贷款利用成员国自有制度和流程，并将资金支付与具体项目成果的实现直接联系起来，从而助力该国的能力建设，提高效力和效率，并促进具体、可持续项目成果的实现。世界银行所有成员国均可获得 PforR 贷款。PforR 贷款自 2012 年设立以来，其使用量获得稳步增长。在 2012 财年至 2016 财年期间，世界银行共批准了 5 项城市韧弹性 PforR 贷款，银行融资总额为 10.3 亿美元。"越南北部山区基于成果的国家城市发展计划"（2.5 亿美元）是其中获批的贷款项目之一。该项目的发展目标是加强参与城市规划、实施和维护城市基础设施的能力。

世界银行通过发展政策运作，支持成员国在促进发展和可持续减贫方面的政策和制度行动计划。

保险

世界银行集团提供一些旨在增强个人和家庭、城市和国家韧弹性的保险产品。世界银行集团的保险产品不仅抵消了发生不利气候事件和灾害相关的风险，还抵消了私人投资者关于城市韧弹性项目融资的特定项目风险，从而获得更具韧弹性的结果。这些保险措施包括应对灾害的社会安全网、城市风险转移、风险分担渠道以及多国灾难风险分担和信用增级，从而在增强城市整体韧弹性方面发挥重要作用。

债券和担保

世界银行集团提供的债券和担保是激励和筹集城市韧弹性项目私人资本的有效方式。例如，为个人、家庭和企业提供的韧弹性融资担保，以及项目债券和基于项目的担保。在国家层面上，成员国能够为城市韧弹性项目筹集资金而发行由多边投资担保机构提供担保的主权债券，并获得国际复兴开发银行提供的部分信贷担保和基于政策的担保。国际金融公司的全球新兴市场本币债券计划可向有意发展本币债券市场的国家提供咨询服务。它们可以成为城市韧弹性投资项目筹集资金的有效工具。

表4.1　世界银行城市韧弹性投资工具

	技术援助	融资方法和方式	保险	债券和担保
个人/家庭： 个人或家庭可获得的有助于城市韧弹性的融资和服务	· 非正式住房的韧弹性改造（GSURR）	· 住房融资 · 气候适应融资	· 应对灾害的社会安全网	· 韧弹性融资（由多边投资担保机构提供担保）
社区： 有助于城市韧弹性的融资和服务，社区/社区层面有助于城市韧弹性的融资和服务	· 包容性社区韧弹性（GFDRR） · 安全校园（GFDRR） · 韧弹性守则（GFDRR）	· 社区主导型发展		
城市： 向城市提供有助于城市韧弹性的融资和服务	· 城市信用组织 · 公共私营基础设施咨询机构（PPIAF）的地方技术援助方案（SNTA） · CURB：促进城市可持续性的气候行动——城市能源快速评估工具（TRACE）——ESMAP	· 城市韧弹性项目的地方贷款（有主权担保） · 基于绩效的合同	· 基于绩效的合同 · 城市风险转移（GFDRR/GSURR/金融局） · 风险分担工具	· 项目债券 · 基于项目的担保（即贷款担保和付款担保）（MIGA）
国家： 向国家提供有助于城市韧弹性的融资和服务	· 公共私营基础设施 · 咨询机构(PPIAF)有效证券市场制度发展（esMid）计划	· 长期融资（IDA/IBRD） · 混合融资（IDA/IBRD/MIGA/IFC/捐助者和私人资本）	· 多国灾难风险分担 · 全球指数保险基金——GIIF · CCRIF/PCRAFI	· 主权债券（由MIGA担保） · 社会影响力债券 · 全球新兴市场本币债券计划

续表

	技术援助	融资方法和方式	保险	债券和担保
国家： 向国家提供有助于城市韧弹性的融资和服务	·创新实验室（GFDRR） ·韧弹性建筑规范（GFDRR/GSURR）	·具有巨灾延迟提款选项的发展政策性贷款（CAT-DDO） ·成果导向型项目贷款（PforR） ·危机响应窗口（CRW） ·应急响应基金（CERC） ·债务融合（包括债务转换和债务回购）	·主权债务不履行保险（NHSFO）——信用增级（MIGA） ·私募股权基金	·部分信用担保（IBRD） ·基于政策的担保（IBRD）

　　此外，世界银行集团拥有可为成员国城市韧弹性项目纳入和筹集私人资本的各种措施。更详细的描述见附件 3。

世界银行集团为城市韧弹性融资吸引其他资本的方法				
债券发行 ·绿色债券 ·基础设施债券 ·Sukkuk（伊斯兰债券） ·Frontloading工具（例如国际免疫融资机制）	投资平台和投资工具组合 ·资产管理公司（IFC） ·全球基础设施基金（GIF） ·托管合作贷款组合计划（MCPP）（IFC） ·原型碳基金（PCF）	捐助款 ·气候投资基金 ·优惠融资工具（CFF）	技术援助和分析 ·小岛屿国家韧弹性倡议（SISRI） ·营商环境报告（DBR）	伙伴关系建设 ·麦德林城市韧弹性合作组织（MCUR）

4.4   世界银行将采取哪些措施提高城市韧弹性

韧弹性城市计划

世界银行集团已经启动了一项韧弹性城市计划，该计划将为任何希望投资城市韧弹性项目的企业或组织提供世界银行内的"一站式服务点"服务。该计划旨在提高 5000 万人居住和工作所在城市的灾难和气候韧弹性，使其在未来 20 年内摆脱贫困。该计划将构建城市的技术、监管和金融能力，将灾害风险管理纳入区域和金融规划及其投资项目之中。

私人投资能够扩大该计划的规模。对于城市来说，更高气候韧弹性几乎总是存在不可克服的融资挑战。事实上，世界上许多城市均具有足够的经济价值，这些城市可利用这些价值来投资韧弹性项目，使之成为战略选择而非梦想。目前全球处于低负利率环境，这对私人资本、机构投资者和主权财富基金投资城市韧弹性项目是一种激励——前提条件是风险被控制在可控水平上，并且可以通过多边开发银行融资和担保保险得到更好的投资回报保证。

世界上许多城市均具有足够的经济价值，这些城市可利用这些价值来投资韧弹性项目，使之成为战略选择而非梦想。

在接下来的 20 年里，该计划旨在筹集 5000 亿美元的私人资本，为韧弹性基础设施和服务提供资金，为 500 个城市消除贫困和适应气候变化，造福上十亿城市居民。

为了实现这些杠杆化和影响力的目标，世界银行集团需要更加充分利用有效的金融工具，将现有城市韧弹性贷款规模提高 1 倍，达到每年 40 亿美元左右的水平。

城市韧弹性计划将有助于创造一个有利的环境。

该计划的核心内容是为城市政府的技术援助活动提供补助资源，以便在以下方面创造有利环境：

◉ 降低风险；

◉ 优化各部门建筑规范和建筑惯例的执行机制；

◉ 将风险管理纳入区域规划之中，加强监管和财务支持，使城市获得信贷；

◉ 筹备韧弹性增强的项目，以便获得银行担保，并由私营部门提供投资。

这些活动直接关系到正在进行和计划中的基础设施投资项目或监管改革，用以确保规模和长期影响。图 4.3 显示了每个领域的选项清单。

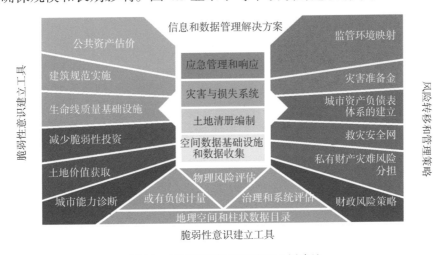

图4.3　城市韧弹性投资选项示例清单

该计划在前 10 年将采用分阶段方法。

在最初 5 年，该计划将召集 40 个城市制定综合韧弹性计划，或者帮助这些城市结合其他主要规划措施实施现有计划，从而使这些城市实现计划与可行融资战略的匹配。

在前10年中，该计划将利用40亿美元的多边开发银行融资，纳入40亿美元的私人资本，并使至少20个城市的韧弹性项目有机会获得私人资本投资。

在前10年中，该计划将利用40亿美元的多边开发银行融资，挤入40亿美元的私人资本，并使至少20个城市的韧弹性项目有机会获得私人资本投资。

该计划的第一年将集中在四个领域。主要活动将包括：

◉ 开发和完善计划工具。其中包括制定指标，以衡量城市层面的贫困、福利和资产风险，以及城市层面的贫困与灾害风险管理调查工具。

◉ 利用私人资本。这意味着要与投资行业组织和城市合作，以确定韧弹性基础设施投资，并根据城市进入资本市场的金融和监管准备情况，对其进行全面评估。

◉ 建设一系列城市。现已将发展中国家的多个城市纳入计划；不久后将增加更多城市。

◉ 从现有伙伴关系中创造价值，并建立新的伙伴关系。以下正式合作伙伴关系预计将于2017年和2018年开始支持该计划：洛克菲勒"100个韧弹性城市项目"、C40、彭博慈善基金会、城市气候融资领导联盟、国际规范委员会、透明国际、国际地方政府环境行动理事会、麦德林城市韧弹性合作组织和哥伦比亚商学院。与斯坦福大学、贝莱德集团、摩根大通、法国农业信贷银行、威立雅、瑞士再保险公司和奥雅纳国际工程顾问公司就潜在合作伙伴关系展开了非正式对话。案例4.7阐述了加纳首都阿克拉的实际伙伴关系，附件4列示了现有的内部和外部伙伴关系。

案例 4.7：建立伙伴关系，提高阿克拉地区的韧弹性

加纳阿克拉地区（GAMA）生活着 440 万人，他们正面临着从洪灾到固体废物管理不足等的韧弹性挑战。分散分布的 16 个司法管辖区更加剧了这些问题。

2015 年 6 月的灾难性洪水对阿克拉地区的 5 万多人造成了影响，世界银行此后制定了一项技术援助计划，帮助政府在阿克拉地区增强城市韧弹性。这种援助来自于多个内部和外部合作伙伴：全球减灾与恢复基金提供资金；国际金融公司提供风险保险协助；气候投资准备组织支持关于适应气候变化、减少灾害风险和投资框架的对话；洛克菲勒基金会"100 个韧弹性城市项目"、日本国际协力事业团、城市联盟和联合国人居署也协调技术支持。

（世界银行，2016e）

气候变化行动计划

世界银行的气候变化行动计划支持将气候问题纳入城市规划之中。

世界银行将直接支持城市，通过全球可持续城市平台开发工具和知识产品，并在 2020 年之前在至少 30 个城市推广这些工具和知识产品。此外到 2020 年，世界银行集团将在 15 个城市开发和试行基于城市的韧弹性方法，以整合基础设施开发、土地用途规划、灾害风险管理、制度 / 治理、社会构成和投资。它

还将利用其多部门能力支持城市水资源综合管理（水资源管理、卫生规划、城市排水和相关投资）。

最后，为了确保基础设施发展和城市化之间的一致性，世界银行集团将在国际金融公司和多边投资担保机构的支持下，在 2020 年之前在至少 5 个城市发展和试行以公共交通为导向的发展方式（世界银行，2016b）。

改变经营方式

世界银行将投入资源，使城市韧弹性项目成为商业产品。

为了调动充分的制度性支持来应对城市韧弹性的挑战，世界银行将城市韧弹性投资视为标准的商业产品，从而确保为各方面工作提供资源：系统性国别诊断和国家政策框架、分析和咨询服务、贷款和其他金融工具以及知识管理。这还将包括将灾害和气候风险筛查从国际开发协会扩大到国际复兴开发银行项目，确保所有投资属于风险指引型投资，并继续使用国际金融公司所采用的韧弹性筛查方法。全球减灾与恢复基金已经承诺提供资源，通过与麦德林城市韧弹性合作组织合作，支持扩大韧弹性城市计划和巩固外部伙伴关系。

需要支持并且将继续支持更广泛的城市发展。

加强城市韧弹性关注并不意味着世界银行将减少对其他城市发展领域的支持。事实上，提高城市的生产力、效率和管理水平对增强整体韧弹性至关重要。经济增长和共同繁荣将有助于增加城市贫困人口的收入，减少他们在面对冲击和压力时的脆弱性。改善财政和金融管理可以提高城市及其合作伙伴支付韧弹性投资额外成本的能力。改善城市管理，加上更优治理，有助于确保服务和基础设施惠及贫困人口和弱势群体。

主流化将有助于扩大更重要的城市韧弹性组合。

在过去 5 年中，79 个核心城市韧弹性项目（见附件 2）呈现出有机性增长而非战略性增长。可以通过以下方式实现更具战略性和综合性的城市韧弹性投资方法：

◉ 将城市韧弹性分析纳入系统性国别诊断、国别伙伴关系框架、国家城市化战略和气候战略之中，例如利用 CityStrength Diagnostic 方法。

◉ 运用附件 3 所述的各种工具，扩大世界银行对城市和城市贫困人口的援助，增强城市和城市贫困人口的韧弹性。

◉ 调动资源，建立项目筹备设施，帮助成员国支付城市韧弹性投资筹备的额外费用。

◉ 建立一个城市韧弹性内部实践社区，促进知识、专门技术和良好实践的分享，用于分析、识别、排序、准备、监督和评估投资和其他活动，使城市和城市贫困人口更具韧弹性。

◉ 与内部和外部合作伙伴合作开发指南和其他知识产品，准备投资和利用不同部门的资源，提高城市韧弹性。

◉ 在加强现有关系的同时，与其他金融机构和优秀技术单位发展新的伙伴关系。

4.5 结论

韧弹性城市建设是一项长达数十年的任务，需要相当大的财政和资源投入，但同时也为城市和投资者提供了难得的机会。以下是一些关键步骤：

使用本书。

本报告是针对城市和城市贫困人口韧弹性相关问题的有益参考，也是世界银行集团和其他组织提供信息、能力建设和投资工具的指南。

与世界银行合作。

无论您身处一个寻求增强韧弹性的城市，还是一个寻找机会构建城市韧弹性的投资者，世界银行集团均有能力和使命充当经纪人，协助应对挑战。

使用世界银行集团提供的资源。

访问城市韧弹性计划的网站"http://www.worldbank.org/en/topic/urbandevelopment/brief/resilient-cities-program"，了解相关信息。

立即开始行动。

城市韧弹性是最首要的任务。将城市韧弹性纳入规划过程之中可以维持已经取得的发展成果，使数百万人摆脱贫困，并有助于维持城市发展。

附件1 城市韧弹性定义示例

联合国人居署	韧弹性是指城市系统承受多重冲击和压力并迅速恢复、保持服务连续性的能力[18]。
国际地方政府环境行动理事会	社会或生态系统及其组成部分通过恢复、维持，甚至改善其基本功能、结构和特性进行回应、调整和改变，而及时有效地应对危险冲击和压力、同时保持增长和变化的能力[19]。
英国国际发展署	灾害韧弹性是指国家、社区和家庭在地震、干旱或暴力冲突等冲击或压力面前，通过维持或改变生活水平而不影响长期前景，适应变化的能力[20]。
洛克菲勒基金会	韧弹性是个人、社区和系统在压力和冲击面前生存、适应和成长的能力，甚至在需要时也能及时调整[21]。
更强大和更具韧弹性的纽约	韧弹性城市应符合以下条件：首先，以有效防御措施提供保护，并进行自我适应以减轻大部分气候影响；其次，当防御措施偶尔失效时，能够更快复原[22]。
韧弹性城市组织	有韧弹性的城市有能力吸收未来对其社会、经济、技术系统和基础设施的冲击和压力，同时能够保持基本相同的功能、结构、系统和特性[23]。
世界经济论坛，全球风险	一个韧弹性国家有能力"①适应不断变化的环境；②承受突然冲击；③恢复到期望平衡状态（无论是之前的平衡还是新的平衡），同时保持运行连续性。" * 2016年全球风险报告中的新术语： "韧弹性势在必行"——迫切需要通过不同利益相关方之间的合作，找到新途径和更多机会，减轻、适应并建设韧弹性以对抗全球风险和威胁[24]。
JEB BRUGMANN，韧弹性城市融资	"适应工程将发展资源集中在具体风险因素减轻方面，通常与功能城市单元或系统的区域总体性能没有明确联系。韧弹性侧重于性能的可靠性和效率[25]。"

续表

美国国际开发署	韧弹性是"个人、家庭、社区、国家和系统以减少长期脆弱性和促进包容性增长方式，减轻、适应冲击和压力并从中恢复的能力[26]。
100个韧弹性城市项目	城市韧弹性是城市中的个人、社区、机构、企业和系统在任何长期压力和剧烈冲击面前，都具备生存、适应和成长的能力[27]。
韧弹性联盟	韧弹性是社会生态系统承受干扰和其他压力时使系统保持稳定状态并基本维持结构和功能的能力。它描述了系统能够自行组织、学习和适应的程度（Holling，1973；Gunderson & Holling，2002；Walker et al.，2004）[28]。

附件 2　世界银行城市韧弹性项目组合

2012 年至 2016 年（财政年度）城市韧弹性组合分析分为两部分：

⊙ 核心[29]城市韧弹性项目；

⊙ 非核心[30]城市韧弹性项目。

总的来说，在过去 5 年之中，世界银行集团共向 86 个国家提供 267.7 亿美元的资金，直接或间接提高城市韧弹性。从 2012 年至 2016 年（财政年度），世界银行集团向 41 个国家的 79 个核心城市韧弹性项目提供了资金，总额达 97 亿美元。此外在同一时期，其他 151 个非核心城市韧弹性项目获得了 175 亿美元的融资。

方法

该时期是指 2012 年至 2016 年（财政年度，即 2011 年 7 月 1 日至 2016 年 6 月 30 日）批准贷款业务的时期。

贷款业务包括国际开发协会和国际复兴开发银行的发展政策性融资和投资项目融资。

侧重于灾害风险管理和气候变化适应的城市韧弹性项目的主要列表已编制完成（资料来源：GFDRR，2016b）。

从世界银行主题编码系统中搜索与城市韧弹性可能存在联系的 23 个选定主题（表 A1），得出城市项目的次要列表，以了解它们与城市韧弹性可能存在的联系（世界银行，2014a）。

主列表（主要 + 次要列表）是基于"城市"区域的项目筛选出来的。主要位于城市地区的项目被称为"核心"城市韧弹性项目，而部分位于城市地区的项目或区域 / 国家项目被称为"非核心"城市韧弹性项目。

表 A1：非核心城市韧弹性主题代码

55　脆弱性评估和监测（社会保护和风险管理）

71　为贫困人口提供城市服务和住房（城市发展）

82　环境政策和制度（环境和自然资源管理）

85　水资源管理（环境和自然资源管理）

27　公共支出、财务管理和采购，微型、中小型企业支持

41　改善劳动力市场

51　其他社会保护和风险管理

56　冲突预防和冲突后重建

58　社会融合

100　其他传染性疾病

64　营养与粮食安全

68　艾滋病病毒 / 艾滋病

88　非传染性疾病和伤病

89　疟疾

92　肺结核

93　市政财政

72　城市治理和制度建设

73 城市范围基础设施和服务交付

102 城市经济发展

103 全球食品危机应对

91 污染管理与环境健康

84 其他环境和自然资源管理

序号	批准财政年度	项目名称
1		适应性项目贷款——圣贝尔纳多水资源综合管理
2		沿海城市与气候变化
3		灾害风险管理和重建
4		雅加达紧急防洪工程
5		中等城市发展项目
6	2012	科伦坡大都市区发展
7		市政基础设施发展项目（增加融资）
8		第二个国家城市供水部门改革项目（增加融资）
9		第二次城市升级（VUUP2）
10		雨水管理和气候变化适应项目
11		里约热内卢城市铁路系统升级和绿化（增加融资）

城市	国家	合计 承诺额（百万美元）
圣贝尔纳多	巴西	20.82
马普托、贝拉、纳卡拉	莫桑比克	120
太子港	海地	60
雅加达	印度尼西亚	139.64
老街	越南	210
科伦坡	斯里兰卡	213
沃斯	塔吉克斯坦	11.85

续表

城市	国家	合计 承诺额（百万美元）
拉各斯	尼日利亚	99.6
芹苴市	越南	292
达喀尔	塞内加尔	55.6
里约热内卢	巴西	600

序号	批准财政年度	项目名称
12		安徽宣城工业基础设施 A1：F81
13		贝洛奥里藏特城市发展政策性贷款
14		中国：南昌城市轨道工程
15		城市支持计划
16		岘港可持续城市发展项目（SCDP）
17		Donsin交通基础设施项目
18		紧急基础设施修复增加融资
19		广西来宾水环境项目
20		综合固体废物管理项目
21	2013	江西鄱阳湖生态经济区及流域城镇发展示范项目
22		江西浯溪口防洪工程
23		辽宁沿海经济带城市基础设施和环境治理项目
24		马鞍山慈湖河流域水环境治理工程
25		管理自然灾害项目
26		2012—2015年全国城市社区赋权计划
27		生产性和可持续城市发展政策性贷款
28		里约热内卢加强公共部门管理技术援助项目
29		更安全城市
30		第二个城市基础设施项目（增加融资）
31		圣保罗气候变化、灾害风险管理和运输项目

城市	国家	合计 承诺额（百万美元）
宣城（安徽）	中国	73.5
贝洛奥里藏特	巴西	200
南昌	中国	250
科托努、坎迪	贝宁	60
岘港	越南	202.5
瓦加杜古	布基纳法索	85
洛美	多哥	14
来宾（广西）	中国	80
巴库	阿塞拜疆	47.1
江西	中国	150
景德镇（江西）	中国	100
东港市、宽甸县、凌源市、龙城区、盘锦市和绥中县（辽宁省）	中国	150
马鞍山（安徽）	中国	100
宁顺省、广平省	越南	150
东努沙登加拉、东爪哇、巴厘岛、苏拉威西、库利曼坦、北马鲁古、西巴布亚、马鲁古、西努沙登加拉	印度尼西亚	266
全国范围	哥伦比亚	150
里约热内卢	巴西	2.754
圣佩德罗苏拉、拉塞瓦、埃尔普罗格雷索	洪都拉斯	15
拉巴斯、埃尔阿尔托、圣克鲁斯	玻利维亚	24
圣保罗	巴西	300

序号	批准财政年度	项目名称
32	2014	贝宁紧急城市环境项目（增加融资）
33		库斯科区域发展

续表

序号	批准财政年度	项目名称
34		德里纳河防洪工程
35		大马普托供水扩建项目
36		海地城市社区主导型发展项目（增加融资）
37		伊巴丹城市防洪工程
38		科索沃能源效率和可再生能源项目
39	2014	尼日尔灾害风险管理和城市发展项目
40		尼日利亚拉各斯第二国家发展政策性信贷
41		瓦哈卡州供水和卫生现代化项目
42		越南北部山区基于成果的国家城市发展计划
43		坎帕拉第二个制度和基础设施发展项目
44		第二个城市减贫项目（PREPUD II）
45		斯里兰卡战略城市发展项目

城市	国家	合计 承诺额（百万美元）
科托努	贝宁	6.4
库斯科	秘鲁	35
比耶利纳、戈拉日德	波斯尼亚和黑塞哥维娜	24
马普托	莫桑比克	178
安什、米尔巴莱、丹顿、米洛	海地	4.5
伊巴丹	尼日利亚	200
乌罗舍瓦茨、贾科维察、格尼拉内、米特罗维察、佩奇、普里什蒂纳、普里兹伦	科索沃	31
尼亚美、迪法	尼日尔	100
拉各斯	尼日利亚	200
瓦哈卡	墨西哥	33

续表

城市	国家	合计 承诺额（百万美元）
奠边县、北干省、高平省、和平省、 太原省、宣光省、安沛省	越南	250
坎帕拉	乌干达	175
吉布提	吉布提	5.6
迪加纳、加勒、贾夫纳、康堤、卡图加斯 托塔、马达瓦拉	斯里兰卡	147

序号	批准财政年度	项目名称
46	2015	孟加拉国城市韧弹性项目
47		贝宁紧急城市环境项目（第二次增加融资）
48		布哈拉和撒马尔罕污水处理项目（增加融资）
49		重庆小城镇水环境综合治理项目
50		城市与气候变化适应试点项目（增加融资）
51		达累斯萨拉姆都市发展项目
52		抗震房屋重建项目
53		戈马机场安全改进项目
54		杜尚别第二个供水项目（增加融资）
55		第二个综合增长极和走廊项目
56		塞内加尔城市供水和卫生项目
57		陕西小城镇基础设施建设项目
58		雨水管理与气候变化项目（增加融资）
59		泰米尔纳德邦可持续城市发展计划
60		瓦努阿图航空投资项目
61		青海西宁水环境管理项目

城市	国家	合计 承诺额（百万美元）
达卡、锡尔赫特	孟加拉国	173
科托努	贝宁	40
布哈拉、撒马尔罕	乌兹别克斯坦	102.9
重庆	中国	100
贝拉	莫桑比克	15.75
达累斯萨拉姆	坦桑尼亚	300
Madhyamanchal	尼泊尔	200
戈马	刚果	52
杜尚别	塔吉克斯坦	8.7
塔那那利佛、安齐拉纳纳、多凡堡、图利亚拉	马达加斯加	50
达喀尔	塞内加尔	70
陕西省	中国	150
达喀尔	塞内加尔	35
钦奈	印度	400
卢甘维尔、维拉港、塔菲亚省	瓦努阿图	59.8
西宁	中国	150

序号	批准财政年度	项目名称
62		亚的斯亚贝巴城市土地使用和交通支持项目
63		巴马科供水项目（增加融资）
64		芹苴市城市发展和韧弹性项目
65		布宜诺斯艾利斯市洪水风险管理支持项目
66	2016	河北省大气污染防治计划
67		基础设施和地方发展项目二
68		基础设施、城市发展和流动性项目
69		综合灾害风险管理和韧弹性计划
70		摩洛哥城市交通项目

续表

序号	批准财政年度	项目名称
71		战略性城市发展项目（增加融资）
72		特雷西纳加强城市治理项目（增加融资）
73		城市发展与贫困社区改造项目
74		城市发展项目
75	2016	城市发展项目
76		城市基础设施和预防暴力项目
77		城市供水和卫生项目（增加融资）
78		城市供水和废水处理项目（增加融资）
79		桑给巴尔城市服务项目（增加融资）

城市	国家	合计 承诺额（百万美元）
亚的斯亚贝巴	埃塞俄比亚	195
巴马科	马里	50
芹苴市	越南	250
布宜诺斯艾利斯	阿根廷	200
河北	中国	350
利伯维尔、让蒂尔港、其他城市	加蓬	99.75
瓦加杜古、博博迪乌拉索、其他城市	布基纳法索	35
坦吉尔、得土安、菲斯、梅克内斯、拉巴特、卡萨布兰卡、马拉喀什、二级城市	摩洛哥	200
卡萨布兰卡、阿加迪尔、马拉喀什、拉巴特、丹吉尔、菲斯	摩洛哥	200
贾夫纳、其他北方城市	斯里兰卡	46.75
特雷西纳	巴西	87.78
布拉柴维尔、黑角	刚果	80
基加利、二级城市	卢旺达	95

续表

城市	国家	合计 承诺额（百万美元）
巴雷克奇、克尔本、苏鲁克图、托克托古尔	吉尔吉斯共和国	12
危地马拉市	危地马拉	44.89
尼亚美、其他城市	尼日尔	70
二级城市（全国范围）	越南	119
桑给巴尔	坦桑尼亚	46.75
总　计		9720.934

附件 3　世界银行对投资城市韧弹性采取的措施

个人和家庭层面的融资与服务

技术援助

非正式住房的韧弹性改造技术援助（GSURR/GFDRR）

地方政府和国家计划往往无法彻底解决个人和家庭在选择非正式住房时所面临的不遵守建筑或施工法规的风险问题，鉴于这一情况，世界银行集团提供各种技术援助活动，提供的服务包括：

- ◉ 开发非正式住房的建筑类型并提供相关风险预测；
- ◉ 准备和设计住房改造产品，以减轻灾害风险，同时使所有权证书正规化；
- ◉ 提供有利的监管环境，简化所有权正规化程序；
- ◉ 确定可行的金融工具，对非正式住房进行韧弹性改造。

目前，整个拉丁美洲和加勒比区域正在借助技术援助活动对非正式住房进行韧弹性改造。

融资

住房融资（IBRD/IDA）

世界银行集团住房融资团队与世界银行和国际金融公司的其他部门协作，提供了一种覆盖整个住房价值链的综合方法。该团队重点关注五个战略领域，为成员国政府提供应对上述挑战的方法。其中包括：

◉ 建立住房融资市场；

◉ 为住房融资提供资金；

◉ 为贫困人口提供住房融资；

◉ 供应可负担住房；

◉ 应对住房融资危机。

上述各领域对于建立可持续和高效的住房融资体系均至关重要，而该住房融资体系将惠及不同收入水平的人群，并帮助他们获得经济适用房。然而，该工作最重要的是建立一个可满足不同收入水平家庭需求的体系，同时建立一个能够可持续发展、按比例扩大规模并面向私营部门的体系。

气候适应融资（IBRD/IDA/CIF）

为了激励个人、家庭和企业积极投资于气候适应项目，中介融资机构可以利用世界银行集团提供的优惠贷款，或世界银行集团管理的优惠基金（例如气候投资基金），向家庭和企业提供更优惠的融资，协助其提高韧弹性。投资案例包括防飓风屋顶、排水、集雨装置和结构物改造。圣卢西亚通过由圣卢西亚开发银行管理的气候适应融资工具（CAFF）对该模式进行了试点，而气候投资基金（CIF）管理的气候韧弹性试点计划（PPCR）对该试点提供了资金。

保险

救灾安全网

社会安全网（SSN）项目致力于为受自然灾害影响的贫困家庭提供更佳保护。

该项目旨在缓冲个人面临的冲击，使其有能力改善生计，并有机会为自己和家人创造更美好的生活。社会安全网项目的案例包括紧急现金援助，这有助于打破许多贫困家庭灾后经历贫困循环和社会经济脆弱性加剧的情况。目前，共同应对灾害的实践共同体（R2D2）汇集了世界银行三个不同全球实践局的工作人员：社会保护和劳动实践局，社会、城市、农村和韧弹性实践局，以及金融和市场实践局，而 GFDRR 的包容性社区弹性（ICR）主题计划为技术援助倡议提供补助金资助，帮助成员国建立和加强国内社会保护系统。斐济、牙买加、菲律宾、汤加和瓦努阿图正在接受技术援助，建立应对灾害的社会保护系统。

债券和担保

韧弹性融资（由 MIGA 提供担保）

为了使个人、家庭和企业能够获得可负担得起的韧弹性投资，开发银行等金融中介机构可以利用多边投资担保（来自私人或公共投资者的）使融资[31]更加优惠。对于哥伦比亚的金融发展倡议（Findeter），多边投资担保机构提供了 9500 万美元的担保，为德国复兴信贷银行的非股东贷款提供长达 10 年的不履行金融义务风险的保险。这是多边投资担保机构第一次在没有主权担保的情况下向国有企业提供担保。最终借款人可以获得更优惠的融资，这些最终借款人包括市政当局和为城市基础设施提供融资的其他中介银行。Findeter 融资被用于"可持续和有竞争力的城市项目"，预计将资助 20 ~ 30 个二级项目，其中包括城市交通、公益住房、供水、卫生、健康和教育基础设施的项目。

社区层面的融资和服务

技术援助

包容性社区韧弹性（GFDRR）

包容性社区韧弹性计划制定于 2014 年，旨在加强世界银行与民间团体的接触，促进社区主导型灾害和气候风险管理，并将社会包容和性别平等纳入灾害风险管理的投资。它强调了潜在社会经济驱动因素的脆弱性，如贫困、边缘化和问责制，并支持各国政府在国家层面加强地方韧弹性的努力。技术援助活动的例子包括全球包容性灾害风险管理的能力建设，巴基斯坦卡拉奇的社会包容和韧弹性框架开发，菲律宾基于社区的危险性和风险评估，以及利用日本最佳韧弹性实践来帮助菲律宾和尼泊尔的老年人、妇女和残疾人。

安全校园（GFDRR）

该项目的目标是增强学校设施及其所服务社区的自然灾害韧弹性。在该项目中，技术援助活动的主要组成部分包括：

◉ 构建有利于减轻风险的制度、政策和监管环境；

◉ 改进学校建设方法；

◉ 监测学校安全方面的总体进展。

通过安全校园计划，GFDRR 与包括财政部、公共工程部和教育部在内的国家和地方机构展开合作，将风险因素纳入新的和现有的教育部门之中。该基金还与各类国际伙伴展开广泛合作，其中包括联合国儿童基金会、教科文组织和国际减灾署等联合国机构，建设与改变组织、救助儿童会和国际计划组织等国际非政府组织，以及 Arup 等私营公司。安全校园计划目前正在五个区域的八个国家开展技术援助活动，即亚美尼亚、萨尔瓦多、印度尼西亚、牙买加、莫桑比克、尼泊尔、秘鲁和土耳其。针对小岛屿国家（圣卢西亚、萨摩亚、汤加和瓦努阿图）的计划正在制定之中。

韧弹性守则

为了通过创新加强社区对自然灾害的韧弹性，创新实验室支持"韧弹性守则"（CfR），该计划致力于联合当地技术人员与灾害风险管理专家，共同为灾害风险管理和其他公民意识活动创建数字和硬件解决方案。韧弹性守则首先确定愿意投入资金和技术资源共同投资开发能力和工具的国家合作伙伴，而这些能力和工具旨在用于加强社区对自然灾害韧弹性的技术创新。活动案例包括：

⊙ 确定与灾害风险评估和识别、减轻灾害风险和备灾有关的技术挑战列表；

⊙ 通过提供关于使用开源工具和开放数据的个性化培训来构建能力，以解决具体的灾害风险管理问题；

⊙ 投资专门知识，完善基于技术的解决方案，应对当地灾害风险管理挑战；

⊙ 调整现有工具或开发新工具，解决当地发现的问题；

⊙ 在灾害风险管理专家和当地技术社区中创建社区，促进开源技术、开放数据、开放标准和开放平台的使用。

融资

社区主导型发展融资

社区主导型发展（CDD）项目基于透明、参与、地方赋权、需求响应、更健全的自上而下问责制和地方能力增强等原则运行。经验表明，如果制定明确和透明的规则，提供信息获取机会、适当能力和财政支持，则可以通过与地方政府和其他支持机构合作，有效组织贫困人口来确定社区重点事项和解决地方问题。世界银行认识到，社区主导型发展方法和行动是有效减贫和可持续发展战略的重要组成部分。世界银行在一系列中低收入国家和受冲突影响的国家支持社区主导型发展项目，满足各种紧急需求。这些项目包括对供水和卫生、冲突后学校和保健中心建设、母婴营养计划、农村道路和微型企业的支持。Rekompak 是世界银行集团资助的这类项目之一，这个基于社区的定居点恢复和重建项目为 2010 年印度尼西亚爪哇岛日惹市附近火山爆发后的房屋重建提供了资金。另一个项目是 Kapitbisig Laban Sa Kahirapan 综合集成交付社会服务项目（KALAHI-CIDSS），该项目资助完成了近 6000 个项目，价值 2.65 亿美元。自 2002 年以来，该项目惠及了菲律宾最贫穷城市和省份的 160 多万户家庭。

该项目资助的二级项目包括小型供水系统、学校建筑、日托中心、保健站以及道路和桥梁。

案例研究：社区发展融资支持（Archer，2012）

亚洲社区行动联盟为社区发展融资提供种子资金。在老挝人民民主共和国万象的 Nong Duang Thung 社区，亚洲社区行动联盟开展了第一个试点项目——

一个社区住房项目。该项目通过一个地区储蓄机构提供资金，允许建立一个地区范围的机制，用以促进发展和协助棚户区居民的土地谈判。这是棚户区居民获得公有土地长期租约的第一个案例。考虑到驱逐威胁，社区在社区建筑师的帮助下设计了一个改造项目。这些建筑师协助调查和绘制定居点地图，将储蓄群体扩大到所有棚户区居民，并制定新的发展计划。

该发展计划引入供水、排水和电力设施，并为住房建设提供重新调整现场车道的条件。亚洲社区行动联盟提供了4万美元的预算，其中社区承诺向基础设施改造提供1万美元的补助金，其余资金用于住房改善贷款。为了使资金周转更快，并增加能够获得资金的家庭数量，社区决定控制贷款额度，最高500美元，并需在6个月内偿还。贷款利率是8%，4%归社区储蓄机构，4%转移到社区发展基金，以增加总贷款资金。几年之内，该社区已经能够确保其土地的居住权。社区代表和当地官员共同担任委员会成员。基础设施得以改善，房屋得以翻修，同时该社区和城市其他贫困社区的居民可以获得资金，获得更高额的住房改善贷款。

城市层面的融资和服务

技术援助

城市信用组织

仅靠中央政府和国际援助组织的传统资金来源，发展中国家的城市资金很难满足日益增长的基础设施需求。因此通过当地资本市场和商业伙伴关系，创新并获得私人长期融资来源已成为工作重点之一。但为了获得这类融资，城市必须首先证明自身信誉，其方法是管理金融、规划发展，并让居民参与资金用途决策，以强调可持续性和透明度。目前在发展中国家最大规模的 500 个城市中，仅 20% 的城市具有可靠信誉，这严重限制了其获取公共基础设施投资资金的能力。支持城市提升信誉，这是开启更大规模、更长期可持续投资至关重要的第一步，而可持续投资能通过气候智能型城市发展为居民提供关键服务。城市信用组织通过以下方式帮助城市获得更高信用：

⊚ 提高财务绩效；

⊚ 为负责任地方政府借款制定有利的法律、监管、制度和政策框架；

⊚ 通过开发稳健、气候智能型项目，改善融资需求侧；

⊚ 通过与私营部门投资者接触，改善融资"供给"侧。

为了帮助实现这些目标，该组织建立了城市信用学院和实施方案。该组织旨在帮助 60 个低收入和中等收入国家的 300 个城市增加自身的收入来源，实施气候智能型资本投资计划，提高其信用评级，构建 PPP 项目，并利用增税融资。执行伙伴包括：C40 Network、联合国人居署、Findeter、城市学习协会和韩国发展研究所。核心资金伙伴包括公共私营基础设施咨询机构（PPIAF）、韩国绿色增长伙伴组织和洛克菲勒基金会。参与城市应改善市政服务，加固基础，提高信用，增加获得当地融资的机会。

地方技术援助计划（SNTA）（PPIAF）[32]

公共私营基础设施咨询机构（PPIAF）可以帮助构建政府官员的能力，以便编制并与私人伙伴达成 PPP 协议。这项工作可能包括对可持续 PPP 所需制度、政策和法律 / 监管框架进行改革。在帮助城市官员和城市应对城市化及权力下放相关的一些关键挑战方面，PPIAF 下属的地方技术援助（SNTA）计划具有不可替代的作用。通过 SNTA，PPIAF 支持地方实体获得私人融资，例如通过市政债券获得融资。许多发达国家城市已利用这些功能强大的资本分配措施来建设和维护城市基础设施，但迄今为止，许多发展中国家并未利用这些措施。SNTA 的最终目标是实现涉及债券或银行贷款的金融交易，帮助公用设施机构或市政当局在没有主权担保的情况下获得市场融资，解决发展中国家面临的城市化问题。

CURB 促进城市可持续性的气候行动

世界银行与 C40 城市、市长联盟及其他合作伙伴联合推出一个新的规划工具——"促进城市可持续性的气候行动"（CURB）。这个决策支持工具旨在提供量身定制的分析，以帮助确定、优先考虑和规划具有成本效益和效率的方式来降低碳排放。CURB 根据具体城市数据，估计不同情景下一系列气候行动的成本、可行性和影响：

⊙ 探索一系列气候智能方案——从更高效的交通系统到改造后的建筑；

⊙ 确定哪些目标是现实目标；

⊙ 模拟技术和政策变化，评估最佳行动方案；

⊙ 分析项目财务情况，确定成本节约和投资回报。

智能投资决策反过来可以帮助城市创造就业机会，改善生计，增强气候风险方面的韧弹性，对贫困人口和弱势群体更是如此。CURB 的一个显著特点是替代性指标，如果一个城市缺少数据或其他特定信息，它允许城市官员使用来自同行城市或国家的数据来计划特定方法。因此，不管其城市规模或收入水平如何，所有城市都可以充分利用 CURB 功能。这是发展中国家和发达国家城市的各个部门可以全面应用的第一批免费工具之一。现有 100 多个城市计划部署 CURB 工具，其中包括布宜诺斯艾利斯、约翰内斯堡、班加罗尔和钦奈等城市。

城市能源快速评估方法（TRACE）——ESMAP

能源部门管理辅助计划（ESMAP）使用的 TRACE 工具是一种决策支持工具，旨在帮助城市快速确定表现不佳的部门，评估改进和节约成本的潜力，并确定能源效率干预的部门及行动优先次序。它涵盖六个市政部门，分别是城市客运、市政建筑、供水和废水处理、公共照明、固体废物处理、电力和热能。它由三条模块组成：

◉ 能源基准模块，用以比较同类城市的关键绩效指标；

◉ 部门优先模块，确定节能方面最有潜力的部门；

◉ 干预选择模块，其功能类似于经过试验和测试的能源效率衡量"行动手册"，有助于选择当地合适的能源效率干预措施。

TRACE 旨在让城市决策者参与调度过程。它从基准数据收集开始，经过有专家和决策者参与的现场评估，最后向城市当局提交一份最终报告，并根据城市具体情况提出能源效率干预建议。

融资

地方贷款（有主权担保）

国际复兴开发银行和国际开发协会通常倾向于向国家政府提供贷款，但世界银行集团也直接向联邦共和国的州政府和其他地方政府提供贷款。在这种情况下，虽然地方政府和世界银行直接签署融资或贷款协议，但主权政府有责任对贷款偿还提供担保。例如，布宜诺斯艾利斯基础设施可持续投资发展项目

（2.64 亿美元），借款方是布宜诺斯艾利斯省，而由阿根廷国家政府提供担保。该项目的发展目标是：

⊙ 加强供水和排污服务，为低收入人群谋取利益，特别是为生活在高度脆弱地区的人群谋取利益；

⊙ 改善借款方道路网的重要路段；

⊙ 减轻城市水灾；

⊙ 支持借款人复苏经济并加强其区域竞争力。

基于绩效的合同

基于绩效的合同有助于确保将道路或运输系统的维护和修复列入建筑合同，并编入预算，激励开发商的更佳表现。这有助于城市动员额外资金来支持这些长期性的重建投资。巴伊亚公路修复和养护项目是基于绩效合同的一个成功示例。为了探索公路融资的新方案，世界银行提供资金和技术援助，通过基于绩效的公路修复和养护合同，已修复和养护约 1685 千米的道路，并利用私人资本来支付基础设施的持续运营、维护和养护费用。所提供的经费是为了确保修复之后，公路能够承受降雨和洪水等高强度气候事件的影响。国际金融公司（IFC）提供技术咨询支持，帮助编制合同和确定 CREMA 合同的详细规范。

保险

城市风险转移（GFDRR/GSURR/ 金融局）

在正在进行的国家级灾害风险汇集和转移工作取得成功的基础上，世界银行集团将作为中介组织，以拟议技术援助吸引有意将灾害风险转移到私人再保险市场的城市当局。全球有六个发展中国家的城市参与这一技术援助项目，这些城市具有良好信用，并获得其国家的大力支持。其目的是：

- ⊙ 促进对城市资源需求的理解来有效应对灾难；
- ⊙ 加强应对紧急情况和灾害的事前规划与管理；
- ⊙ 加强灾后应急、恢复和公共基础设施重建预算资源的管理和执行；
- ⊙ 加强从国家到城市各级政府的应急反应和管理的协调。

风险分担工具

这些融资工具允许客户出售与资产池相关的部分风险。这些资产通常保留在客户的资产负债表之中，风险转移来自国际金融公司提供的部分担保。一般来说，担保可供客户以约定承销标准发行新资产，但在某些情况下，也可用于已经发行的资产。客户通常与国际金融公司达成风险分担协议，协助提高其在资产类别（即国际金融公司有兴趣增加自身风险的资产类别）中发行新资产的能力。例如肯尼亚学校风险分担协议，国际金融公司通过该协议向合格的私立学校提供建设、教材购买和其他资本支出的资金。国际金融公司的280万美元贷款旨在改善教育部门获得中期贷款的机会。

债券和担保

项目债券

应巴西政府的请求，世界银行已提出一个新的"项目债券"概念，以帮助吸引资本市场资金，用于道路、铁路、机场和港口等基础设施项目。项目债券发行之时，巴西正努力利用20年来私营部门成功参与基础设施资产和特许权经营的经验，来增强资本市场在基础设施融资中的作用。它旨在鼓励更多风险分担，并为国内外投资者、运营商和建筑商创造新的机会。预计将在未来几个月试点发行该债券，为政府物流投资计划下的一些特许项目筹集资金。世界银行考虑以高达 5 亿美元的新财政承诺额支持试点项目。试点项目将向美洲开发银行（IDB）等其他国际金融机构开放。

基于项目的担保（MIGA）

目前，世界银行集团提供两种基于项目的担保：①贷款担保，即涉及政府未能履行与项目相关的具体付款和/或履行义务而导致偿债违约相关的贷款；②付款担保，涵盖政府非贷款相关付款义务的违约。例如 2014 年，多边投资担保机构向西班牙国际银行提供 3.61 亿美元的此类担保。这项担保具体涵盖西班牙国际银行为圣保罗可持续交通项目而向圣保罗提供的贷款，该项目使圣保罗能够投资于交通基础设施和相关活动。

项目融资总额包括 3 亿美元的国际复兴开发银行贷款、1.29 亿美元的圣保罗州基金以及西班牙国际银行的融资。

国家层面的融资和服务

技术援助

公共私营基础设施咨询机构（PPIAF）

PPIAF 在三个主要渠道向政府提供技术支持：

◉ 为私营部门参与基础设施项目创造有利环境；

◉ 解决吸引私人投资"银行可担保"项目能力不足的问题；

◉ 通过与发展中国家政府分享关于私营部门基础设施发展的关键问题和机会知识，提高能力和认识。

重要的是，PPIAF 的相关性在于其关于政府和社会资本合作项目的上游有利环境、早期项目概念化和预可行性项目开发的工作。如果私营部门要投资于发展中国家与基础设施相关的气候变化减缓和适应，这些是整合气候变化敏感性的关键切入点。具体而言，政府官员需要帮助规划和优先考虑气候友好型项目，设计有利于此类项目发展的法律和监管环境，将具体气候变化应对措施纳入项目设计，寻找补贴资金并证明其合理性，以支付成本或减轻私人投资参与不可行的风险，以及在合同结束后监管项目实施情况。

有效证券市场制度发展（esMid）计划

根据 esMID 计划，瑞典国际发展合作署（Sida）、国际金融公司和世界银行正在联合开展一个项目，以支持非洲证券市场更好地运行。esMID 正与中央银行、证券监管机构、证券交易所和其他利益相关者合作，简化债券发行、投资和交易的法规和程序，建立和加强市场基础设施，构建市场参与者的能力，促进证券市场的区域化，并支持演示和可复制交易。迄今为止，esMID 已通过简化审批和监管流程，促进东非发行了 9.5 亿美元的新债券。肯尼亚和坦桑尼亚批准债券发行的时间分别缩减到 45 天和 60 天。这些改进措施有助于更好地激励城市韧弹性投资。

创新实验室（GFDRR）

为了满足世界快速变化的需求，创新实验室支持利用科学、技术和开放数据来推广新理念和开发原始工具，以增强脆弱国家的决策者之韧弹性。该领域的近期创新使人们能够更好地获取灾害和气候风险信息，并提高了创建、管理和使用这些信息的能力。创新实验室内可以为决策提供信息并对城市韧弹性投资的设计和规划产生积极影响，其工具包括韧弹性开放数据倡议（Open DRI），该倡议将全球开放数据运动的概念应用于自然灾害和气候变化影响减缓的挑战。

活动包括：

⊙ GeoNode，一个免费的开源风险数据和可视化目录；

⊙ 社区地图和开放式街道地图；

⊙ inaSAFE，一个提供现实灾难情景及其潜在影响信息的工具。

空间影响评估，该活动利用卫星图像和当地空间数据集，有效评估灾害造成的整个破坏程度，并促进国家恢复财务估算书的编制。通过在损害评估之前提供信息和进行独立验证，该活动支持 GFDRR 的韧弹性恢复工作。

ThinkHazard! 这是社区开发的一个新在线工具，与 BRGM（法国地质调查局）、Camptocamp 和 Deltares 合作开发，可使开发专家能够识别特定区域的自然灾害信息，并将缓解措施纳入项目设计之中。

韧弹性建筑规范倡议（GFDRR/GSURR）

该新倡议旨在促进世界银行集团的新建筑政策和监管策略。具体而言，它寻求开展和促进一系列新的活动，以提高监管能力，促进更健康、更安全的建筑环境。作为减少长期风险和灾害风险战略的内容之一，该倡议通过利用建筑规范的良好实践，使发展中国家走上有效改革和拥有长期韧弹性的道路。技术援助活动包括为囊括住宅在内的所有建筑结构制定适当的建筑标准，并注重建筑规范的有效实施。该倡议已在埃塞俄比亚完成第一次试点，并且很快将向亚美尼亚、牙买加和印度等国家提供技术援助。

融资

长期融资（IDA/IBRD/IFC）

世界银行集团向有意投资城市韧弹性项目的政府提供长期、优惠和无优惠的贷款，通过国际复兴开发银行（IBRD）和国际开发协会（IDA）以优惠和非优惠利率进行提供。成员国已在执行城市韧弹性项目时利用了这两种资金来源。此外，国际金融公司还进行股权投资，并向执行韧弹性项目的私人公司提供风险资本。

国际开发协会（IDA）

国际开发协会（IDA）向低收入国家提供融资，与私人金融市场融资相比，其利率更优惠，宽限期更长。这些优惠条款往往能使成员国投资城市韧弹性项目。国际开发协会通常收取极低利息或不收取利息，还款期长达 25 ~ 38 年，包括 5 ~ 10 年的宽限期。在过去 5 年中，国际开发协会共向 14 个国家提供了 45.4 亿美元的资金，用于 47 个城市韧弹性项目。

关于国际开发协会城市韧弹性投资，孟加拉国城市韧弹性项目（1.82 亿美元）便是例子之一。项目开发目标是加强孟加拉国政府应对紧急事件和健全制度的能力，使达喀尔和锡尔赫特未来建筑减少潜在灾害的冲击。

国际复兴开发银行（IBRD）

国际复兴开发银行（IBRD）以市场利率向中等收入国家和一些信誉良好的低收入政府提供融资。虽然中等收入国家能够以非优惠条件借款，但这些贷款仍然比商业贷款便宜，宽限期更长。在过去 5 年中，国际复兴开发银行共向 28 个国家提供了 47.6 亿美元的资金，用于 31 个城市韧弹性项目的建设。

伊斯坦布尔地震风险缓解项目（4 亿美元）便是国际复兴开发银行城市韧弹性投资的例子之一。该项目旨在通过增强其灾害管理和应急反应的制度能力和技术能力，加强关键的抗震公共设施，以及支持有效执行建筑规范，帮助伊斯坦布尔改善防震准备工作。重要的是，这一项目模式使政府能够从其他国际金融机构再筹集 15 亿欧元，譬如欧洲投资银行、伊斯兰开发银行、欧洲委员会开发银行和德国重建信贷机构。

混合融资（IDA/IBRD/MIGA/IFC/ 捐助者和私人资本）

有时，成员国将自有资金与国际开发协会和 / 或国际复兴开发银行的资金以及捐助者的捐款整合起来，为一个项目提供资金。多边投资担保机构担保的商业融资也可以与其他来源的融资混合使用。

例如，圣保罗可持续运输项目由国际复兴开发银行提供 3 亿美元的融资、客户（圣保罗州）提供 1.29 亿美元的融资以及私人提供 3.61 亿美元的融资，并由多边投资担保机构提供担保。该项目旨在提升圣保罗州的运输和物流的效率以及安全性，同时提高环境和灾害风险的管理能力。该项目包括圣保罗州对可持续交通基础设施和相关活动的投资，具体包括修复大约 800 千米的道路（这些道路接近并连通内陆水道和铁路），重建两座桥梁，提高铁特河内陆水道走廊综合设施的通航能力，以及改善道路安全的其他工程。巴西政府担任中介机构，允许向圣保罗州转贷。该项目综合利用了国际复兴开发银行 3 亿美元的融资、成员国 1.29 亿美元的融资和私人 3.61 亿美元的融资，并由多边投资担保机构提供 12 年主权债务不履行保险（NHSFO）的担保。

芹苴市发展和韧弹性项目旨在降低城市核心区的洪灾风险，改善城市中心和新的低风险城市增长区之间的连接，并提高城市当局的灾害风险管理能力。项目组成部分包括：

⊙ 洪灾风险管理和环境卫生；

⊙ 城市走廊发展；

⊙ 改善空间规划、洪水风险管理和运输的管理系统。

该项目综合利用了国际开发协会、国际复兴开发银行和成员国的融资，同时也利用了 SECO 的捐助资金。国际开发协会为本项目提供了 1.25 亿美元的融资，而国际复兴开发银行提供了 1.25 亿美元，成员国提供了 6200 万美元，SECO 提供了 1000 万美元，总计 3.22 亿美元的融资。

具有巨灾延迟提款选项的发展政策性贷款（CAT–DDO）

CAT-DDO 使各国能够对自然灾害响应进行有效规定——在"软"触发后，如宣布自然灾害等紧急状态后，该贷款将成为短期流动资金的重要来源。CAT-DDO 为重要发展项目维护提供了过渡性融资，在此期间，捐助资金或重建贷款等其他来源的资金得以调动。重要的是，CAT-DDO 只能用于已制定灾害风险管理计划的国家，这有助于确保城市紧急情况得到更佳管理。例如哥伦比亚灾难风险管理发展政策性贷款，它附带灾难风险递延提款选项（CAT-DDO，1.5 亿美元）。发展目标是强化政府关于减少不良自然灾难风险的计划。贷款主要成果包括扩大灾害监测网络（例如地震、火山、水文），重新安置居住在加勒拉斯火山高危险区的居民，并为 338 个城市成功制定地方灾难风险管理计划。

这促成哥伦比亚政府在其《2010—2014 年国家发展计划》中制定了惠及 790 个城市的计划。2014 年之后，CAT-DDO 已成为一项极有价值的金融工具，在宣布国家灾难状态后，它通过减少对市场的负面影响，力图让金融市场和民众保持稳定。

成果项目贷款（PforR）

PforR 的独特特征包括使用成员国的自有制度和流程，以及将资金拨付直接与实现特定项目成果联系起来。这个方法有助于成员国增强建设能力，提高效力和效率，并促成具体、可持续的项目成果。世界银行所有成员国均可获得 PforR 贷款。自 2012 年设立以来，PforR 贷款利用获得稳步增长。截至 2016 年 6 月 7 日，已有 46 项 PforR 贷款获得批准，银行融资总额达到 116 亿美元，为 551 亿美元的政府项目提供支持。例如越南北部山区城市发展计划利用了 2.5 亿美元的这类贷款。该项目发展目标是加强参与城市规划、实施和维护北部山区城市基础设施的能力。

危机响应窗口（CRW）

危机应对窗口是紧急融资来源的最后手段，国际开发协会根据成员国具体情况，如危机的严重程度或缺乏替代融资来源，向成员国提供所需资源。这些资源对各国能够应对严重经济危机、重大自然灾害、公共卫生紧急情况和流行病至关重要，可为受影响人口提供安全网，或重建在自然灾害中受到破坏的基本实物资产。如需了解更多信息，请访问网站：http://ida.worldbank.org/financing/crisis-responsewindow。尼泊尔地震应急响应便是自然灾害后获取危机响应窗口资源的具体实例之一（3 亿美元）。2015 年 4 月，尼泊尔遭受毁灭性地震之后，获得了 2 亿美元的住房重建紧急信贷额以及 1 亿美元的预算支持贷款。住房重建贷款将向低收入房屋业主提供资金，用于在农村地区重建大约 55000 所住房，而预算支持贷款将帮助尼泊尔政府扩大救济和重建工作，并支持加强该国金融部门的政策措施。

埃博拉应急项目（3.9 亿美元）是另一个实例。项目开发目标是在短期内帮助控制埃博拉病毒疾病爆发，提供特定的基本保健服务，并减轻埃博拉病毒疾病对几内亚、利比里亚和塞拉利昂的社会经济影响。项目组成部分旨在帮助实施世卫组织领导的埃博拉应对蓝图和国家应对计划，并与应急反应的其他国际机构配合和协调工作。因此，该项目所提供的支持是由各国牵头并与世卫组织和联合国协调的多伙伴应急响应活动的内容之一。

应急响应基金（CERC）

应急响应基金（CERC）几乎可以立即发放恢复和重建所需的过渡性融资。因此，它们被纳入世界银行投资项目，以便在符合条件的紧急情况已经发生之后或即将发生之时，能够快速重新分配剩余的项目资金。重要的是，应急响应基金可以整合到任何类型的投资运作之中，而非仅适用于减少灾害风险或适应气候变化的项目。自 2011 年以来，国际复兴开发银行和国际开发协会在 20（+11）个国家的 63 个项目中纳入了应急响应基金。

债务融合

作为一种更高利息贷款再融资的方式，债务转换可以有效释放资本，为城市弹性投资提供资金。其形式可以采用国际开发协会减债融资工具提供的债务转换或债务回购。同样，债务回购也适用于债务偿还额非常高的重债穷国，这些国家预算中几乎没有剩余资金用于关键发展项目，其中包括城市韧弹性投资项目。总的来说，这种工具有助于各国将其债务恢复到可持续水平，同时提高这些国家实现可持续发展目标的具体目标的能力。为此，国际开发协会减债融资工具向符合条件的重债穷国提供资金，以大幅折价回购所欠外部商业债权人的债务。如需了解更多信息，请访问网站：http://www.worldbank.org/en/topic/debt/brief/debt-relief。

债务转换

债务转换是一种创新工具，即以较低利息的国际复兴开发银行或国际开发协会融资取代高利息债务。债务转换以政策性担保为基础，可作为促进积极政策变革以增强韧弹性的一种方式。此外，债务转换产生的剩余资金可用于城市特定韧弹性项目投资。最近，成员国有兴趣与世界银行接洽，寻求韧弹性方面的债务转换。潜在的韧弹性债务转换可以仿效塞舌尔所实施的类似自然保护债务转换，即自然保护组织提供3000万美元进行债务转换，以换取塞舌尔政府促进海洋对话和适应气候变化的承诺。为了这个目的，预计将建立印度洋第二大海洋保护区（约20万平方千米的海域被划分为"补给区"），并将加强海洋资源保护，从而促进该岛国渔业和旅游业的发展。

保险

多国灾难风险分担

多国风险分担使各国能够将风险捆绑在一起，可选择自然灾害的类型，并从私人再保险市场获得灾害保险。与团体健康保险计划一样，灾难风险分担将降低保险费用，并使参与国更容易进入再保险市场。

加勒比灾害风险保险基金（CCRIF）是多国灾难风险分担的成功例子之一。这个多国保险计划汇集了 17 个加勒比国家和领地、多达 6 个中美洲国家以及多米尼加共和国。CCRIF 为其成员提供参数保险，当超过自然灾害事件（如飓风或地震）的预定阈值时，即可立即支付保险理赔款。因此，CCRIF 成员国在发生自然灾害之后，能够快速支付救援和重建工程所需的流动资金。2010年 1 月，海地地震后接受的第一笔理赔款正来自于 CCRIF，这反映了该风险分担平台的效率。

全球指数保险基金（GIIF）

全球指数保险基金是一个多捐助方信托基金，它基于天气和灾害指数，支持发展中国家当地市场（包括农民、牧民和小企业家）的发展和增长，主要用于撒哈拉以南非洲、拉丁美洲和加勒比以及亚太地区。指数保险是一种创新的保险形式，它根据预先确定指数（例如降雨量、地震活动、牲畜死亡率）支付因天气和灾难性事件造成的资产和投资损失，主要是周转资金损失，而无需保险索赔评估员的传统服务（世界银行，2012）。

主权债务不履行保险（NHSFO）——信用增级（MIGA）

当债务偿还义务属于无条件、不可撤销且不受抗辩约束的义务时，多边投资担保机构的 NHSFO 保险在涉及主权和地方债务人的交易中提供信用增级。迄今为止，这种保险的主要受益者是商业贷款者，他们为基础设施项目向政府实体提供私人贷款。例如，NHSFO 正承保土耳其的一个棕地地铁扩建项目，该项目旨在减少交通拥堵、空气污染，并改善该市的公共交通。

私募股权基金

私募股权基金对发展中前沿市场经济体的私人股本投资者所面临风险提供保险。这些风险包括政府稳定、内乱和脆弱的监管框架。

债券和担保

主权债券（由MIGA担保）

主权债券是为投资项目筹集资金的有效工具。该工具有助于融资来源多样化，并有助于扩大投资者基数。但很多成员国面临的挑战来自债券对私人投资者的吸引力。为了提高债券的适销性，发行实体可以利用多边投资担保机构担保（例如债务不履行保险）来提高发行的信用质量。以匈牙利为例，进出口融资保险（5.75亿美元）是一项多边投资担保机构的担保，旨在提高进出口企业的长期贷款能力，促进匈牙利大多数中小型公司的出口活动。这是由多边投资担保机构担保的第一次纯粹的"公共市场"债券发行，也是多边投资担保机构第一次将其NHSFO保险担保用于资本市场交易。这也是MIGA担保的债券第一次被评为AAA级。

尽管该模式侧重于中小企业，但可以通过发行公共债券为城市韧弹性投资筹集资金——只需信息良好，则无论发行主体是主权实体还是地方实体。

社会影响力债券

社会影响力债券有助于将棘手社会问题转化为可投资机会。在这种模式下，影响力投资者而不是政府为非政府组织和社会企业提供资本，以扩大项目规模，帮助贫困和弱势人群。投资收益基于所取得的预先定义成果，由影响评估予以衡量。如果没有取得成果，则政府无需向投资者提供回报；因此，绩效风险被转移到私营部门。

部分信用担保（PCGs）

部分信用担保（PCGs）通过减缓私人投资者不愿承担的重要政府绩效风险，推动私人资金流向发展中国家。担保的私人债务涉及政府（或政府实体）未能履行私人项目的具体义务或偿还公共项目的债务。它们旨在延长贷款期限并改善市场条件。这些担保可以为一些风险提供保险，这些风险与政府相关而非纯粹的商业风险，包括合同、监管、货币和政治方面的风险。

基于政策的担保（IBRD）

基于政策的担保涵盖与政府政策和计划影响相关的特定商业债务违约。

全球新兴市场本币债券计划

Gemloc 是一种 50 亿美元的本币债券，由世界银行集团与私人合作伙伴于 2007 年 10 月推出，投资于 40 个新兴债券市场。Gemloc 支持发展中国家发展本币债券市场，因此有助于提高总体市场对本地和全球投资者的吸引力。

利用工具

债券发行

世界银行集团（WBG）利用其 AAA 评级和可赎回资本发行大量债券，在金融市场上以低成本筹集资金，并将这种低成本资本作为发展资金提供给成员国。世界银行可以通过绿色债券、基础设施债券和 Sukkuk（伊斯兰债券）筹集资金，为城市韧弹性投资项目融资。此外，各国可以通过发行由多边投资担保机构担保的债券或由世界银行集团提供咨询支持，为城市韧弹性项目筹集资金。

绿色债券

世界银行集团是最大的绿色债券发行机构之一，它为成员国提供这种低成本资本资助气候相关项目。迄今为止，世界银行金融局以 17 种货币发行了 66 种绿色债券，共筹集超过 63 亿美元，并为 17 个国家的 50 个项目提供支持。同样，国际金融公司在 2010 年启动了一项绿色债券计划，以促进市场发展，并释放投资，以支持与可再生能源和能源效率有关的私营部门项目。截至 2015 财年，国际金融公司的气候智能投资组合已达到 130 亿美元的规模，支持价值 1150 亿美元的项目，在截至 2015 年 6 月的财年，新项目投资已超过 20 亿美元。

基础设施债券

基础设施债券可用于向成员国的城市韧弹性基础设施项目提供资金。合乎条件的投资项目包括交通、通信系统、公共建筑、公共机构、供水和电力网络的项目。目前，世界银行集团正在探索在项目周期早期整合这一资金来源的结构。例如，一种方案是设计一种世界银行债券，用于在整个建设阶段为投资者提供项目再融资。投资者购买债券，该债券在建筑阶段成功完成时到期，并强制转换为长期项目债券（由建筑公司发行）。如果项目未能完成，则投资者将获得一笔小额的最低票面金额。

Sukkuk（伊斯兰债券）

Sukkuk 指伊斯兰债券，即投资者拥有资产的一部分，而非债务的一部分。资产部分所有权伴随着相应的现金流和风险。世界银行集团此前已经从 Sukkuk 债券发行过程中筹集 5 亿美元，用于资助免疫项目和卫生系统。这种模式同样可以用于为城市韧弹性项目筹集资金。

Frontloading 工具

Frontloading 工具在国际资本市场上发行债券——基于未来预期的长期贡献——出于发展目的更早使用公共资金。国际免疫筹资工具（IFFIm）便是例子之一。IFF 是英国未来发展援助的 Frontloading 工具。它依赖于长期政府发展援助承诺，将其作为国际资本市场债券发行的基础资产，并利用直接资源作为发展援助。由主权捐助国（例如法国、意大利、挪威、南非、西班牙、瑞典和英国）提供具有法律约束力的长期赠款支持的国际免疫筹资工具（IFFIm）便是 IFF 的案例之一。IFFIm 成立于 2006 年，已在过去 20 年投入大约 50 亿美元资产，为全球疫苗与免疫联盟的免疫项目发行了第一笔 AAA 级的 10 亿美元债券。世界银行担任 IFFIm 的财务管理机构。

投资平台和投资工具组合

资产管理公司（IFC AMC）

资产管理系统（AMC）是国际金融公司（IFC）的第三方资本管理机构。AMC 将商业资本与发展融资结合起来，利用其强大的治理结构和创新的商业模式来调动和扩大投资规模。AMC 投资者包括主权财富基金、养老基金、双边和多边发展金融机构以及商业投资者。截至 2015 年 12 月，AMC 的全球基础设施基金有 12 亿美元的股权承诺额，其中 4.43 亿美元承诺用于 8 项基础设施投资。这些服务主要提供给中等收入国家。

全球基础设施基金（GIF）

全球基础设施基金自 2015 年 4 月开始运作，促进了新兴市场和发展中经济体复杂基础设施政府和社会资本合作的筹备和构建。全球基础设施基金作为全球基础设施平台，可以调动私营部门和机构投资者的资本，用于城市韧弹性项目。全球基础设施基金目前处于三年的"试点阶段"，预计将开展 10 ~ 12 个项目支持活动。

目前正在申请项目准备和交易构建支持。项目必须与两个主题重点领域保持一致，且必须属于气候智能和贸易促进型。符合条件的部门和次级部门包括能源、供水和卫生、运输和电信部门。三个项目现处于规划阶段，它们分别是巴西的物流基础设施项目（即联邦级的公路、机场、港口和铁路项目），埃及无水港发展项目以及格鲁吉亚的深海港口项目。美洲开发银行、欧洲复兴开发银行和亚洲开发银行分别是这些项目的技术伙伴。

托管合作贷款组合计划（MCPP）

托管合作贷款组合计划（MCPP）可以为有兴趣投资城市韧弹性项目的投资者提供一个预先商定和定制的贷款组合。被动投资者如需分散投资组合，并利用国际金融公司在提供和设计新兴市场优先贷款方面的经验和能力，国际金融公司将确定符合条件的交易。之后，国际金融公司向投资者承诺，将根据相同的条款和条件向投资者提供资金及其自有资金。第一个 MCPP 投资者是中国人民银行，签约于 2013 年 9 月，承诺提供 30 亿美元的资金。

捐助款

气候投资基金（CIFs）

气候投资基金由两个窗口组成。清洁技术基金向可再生能源、能源效率和运输项目提供资金。气候策略基金试行新的办法，有可能针对具体气候变化挑战或部门响应措施，扩大转型行动。SCF 为在低收入国家推广可再生能源计划（SREP）和气候韧弹性试点计划（PPCR）筹集资金。该计划提供赠款和极优惠融资（接近于零利息的贷款，赠款部分为 75%），支持与城市发展、基础设施、有利环境（如能力建设、政策、监管工作）、沿海区域管理、气候信息系统和灾害风险管理等关键部门相关的投资。

优惠融资措施（CFF）

优惠融资措施设立于 2015 年 10 月，为叙利亚难民以及约旦和黎巴嫩的收容社区提供优惠融资。在收到 1.4 亿美元的初始赠款和国际复兴开发银行承诺的 10 亿美元贷款（这将进一步带来更多的赠款）之后，该措施开始提供赠款支持难民和收容社区，两个项目的总额已超过 3.4 亿美元。其中一个项目的目标是改善 20 多万叙利亚难民的就业问题，同时向约旦提供市政基础设施的紧急修复资金。在世界银行内部，该措施设计汇集了来自发展金融、法律和财政部的同事。在世界银行外部，该措施汇集了来自多边开发银行（如欧洲投资银行、欧洲复兴开发银行、伊斯兰开发银行）和联合国的代表。优惠融资工具进一步汇集了来自日本、英国、美国、德国、加拿大、荷兰、挪威和欧盟的捐助资金。

技术援助和分析

小岛屿国家韧弹性倡议（SISRI）

2014 年 9 月，世界银行发布小岛屿国家韧弹性倡议，用于协助小岛屿国家获得规模更大和更有效的韧弹性融资。它还旨在减少金融环境的分散性，提供技术援助，以解决投资信托和技术方面的能力挑战。由于小岛屿发展中国家有 59% 的居民居住在城市区域（略高于全球平均水平），城市韧弹性投资将是确保小岛屿发展中国家实现双重目标的关键措施。

营商环境报告（DBR）

营商环境系列报告可追溯到 2004 年的年度报告，它们提供了广泛的地方研究报告以及涵盖特定区域或主题的特别报告。《2016 年营商环境报告：测评监管质量与效率》是世界银行集团的一份旗舰出版物，它评估了有利商业活动和限制商业活动的监管法规。营商环境报告提供了关于商业法规和产权保护的量化指标，可对 189 个经济体——从阿富汗到津巴布韦——以及各个时期进行比较。营商环境报告对影响 11 个领域企业生存的法规进行了评估。各国有意提高《营商环境报告》评级的，也可以从国际金融公司获得技术援助，以改善其总体商业环境。

附件 4 城市韧弹性的外部和内部伙伴关系

迄今为止已建立的外部伙伴关系

100 个韧弹性城市项目（洛克菲勒基金会）：城市韧弹性项目与洛克菲勒基金会发起的"100 个韧弹性城市（100RC）倡议"密切协调。在 100RC、世界银行财政部和世界银行于 2015 年 11 月签署谅解备忘录后，世界银行工作组领导人被确定为近 30 个城市潜在合作项目的协调人。包括加纳首都阿克拉在内的城市合作已经启动，预计随着最近公布的 35 个新城市加入 100RC 网络，合作将进一步加强。

彭博慈善基金会/城市信用组织

城市信用组织与彭博慈善基金会（以及其他伙伴）合作，支持发展中国家城市和地方当局为气候智能基础设施项目构建和完成基于市场的融资交易。该组织的主要目标是提高城市的财务业绩和整体能力，以便提供更好的基础设施服务。将通过以下方式实现这一目标：

◉ 城市信用组织旨在提供实践学习项目，向城市领导传授信用和城市金融的基础知识；

◉ 城市信用组织执行计划旨在提供深入、多年、在职的定制化技术援助计划。

C40城市气候领导团队

世界银行是 C40 的合作伙伴，而 C40 是一个致力于应对气候变化的世界超大城市网络。C40 支持城市有效合作，分享知识，推动有意义、可衡量和可持续的气候变化行动。C40 由城市创建和领导，致力于应对气候变化、推动减少温室气体排放和气候风险的城市行动，同时增加城市居民的健康、福祉和经济机会。该团队关注以下议题：气候适应和供水，能源，金融和经济发展，衡量和规划，固体废物管理，运输，城市规划与发展。

城市气候融资领导联盟

该联盟由 40 多个主要组织组成，包括政府、基金会、援助机构和多边开发银行，世界银行是该联盟的成员之一。它们积极致力于城市和城市区域的低碳和气候适应性基础设施投资的国际动员。其使命是促进和推动更多资本流向城市，最大限度增加气候智能基础设施的投资，并在未来 15 年缩小城市区域间的投资差距。

市长联盟

市长联盟由联合国秘书长潘基文和城市与气候变化特使迈克尔·布隆伯格发起，由联合国人居署提供支持，并在包括 C40、倡导地区可持续发展国际理事会（ICLEI）和城市及地方政府联盟（UCLG）在内的全球城市网络领导下开展工作。该联盟建立了一个共同平台，通过对排放和气候风险的标准化测量以及一致、公开化成果报告获知城市集体行动的影响。

通过市长联盟，城市制定与国家政府所遵循标准类似的透明标准（在其他行动中），鼓励公共和私营部门的直接投资。世界银行是市长联盟的认可伙伴。

麦德林城市韧弹性合作组织

2014 年 4 月在麦德林举行的第七届世界城市论坛期间，10 个联合国组织和非联合国组织组成一个新联盟,联手加强城市韧弹性和世界城市空间的社会、经济和环境结构的建设。世界银行集团和全球减灾与恢复基金是该组织的合作伙伴，该组织的目标包括：

⊙ 促进现有方法和措施之间的协调，以帮助城市评估自身优势、脆弱性以及所面临多重危险和威胁的风险，从而建立韧弹性；

⊙ 推动利用现有和创新的融资机制（包括基于风险的方法）来减少受冲击的风险和脆弱性，提高城市的适应能力；

⊙ 通过促进最佳实践的直接分享和知识的增强，支持城市实现其目标的能力建设。

国际规范委员会（ICC）

国际规范委员会拥有 50000 名成员，是"韧弹性建筑规范倡议"重要的非营利合作伙伴。它与世界银行的韧弹性建筑规范（BRR）部门合作，开发建筑规范评估方法，以审查土地用途、建筑规范系统设计和实施制度的质量。国际规范委员会在"全球论坛"框架内组织联合交流活动。

欧洲建筑控制联盟（CEBC）

欧洲建筑控制联盟是欧洲建筑监管机构组成的团体，致力于在欧洲实现最佳实践和改善建筑安全。其成员组织包括国家主要监管机构以及与建筑控制有利害关系的组织。欧洲建筑控制联盟向韧弹性建筑规范（BRR）提供知识支持，欧洲建筑控制联盟的个别机构成员同时向韧弹性建筑规范（BRR）项目提供技术援助和咨询服务。

美国消防协会（NFPA）

美国消防协会是一个全球性的非营利组织，成立于1896年，致力于消除火灾、电力和相关危险造成的死亡、伤害、财产和经济损失。韧弹性建筑规范（BRR）倡议和美国消防协会之间的伙伴关系包括联合的研究工作以及美国消防协会为技术援助项目提供的业务和知识支持。该协会目前正与埃塞俄比亚和印度安得拉邦合作。

透明国际组织（TI）

透明国际组织总部设在柏林，在100个国家/地区设有分部。它向贪污的受害者和见证人赋予话语权，并与政府、企业和公民合作，制止权力滥用和贿赂。韧弹性建筑规范（BRR）和透明国际组织目前正在评估国家层面合作的潜在机会，重点是建筑行业相关实践的合作机会。

内部伙伴关系有助于加强世界银行集团扩大对城市韧弹性支持的能力。

城市韧弹性计划和增强城市韧弹性的相关工作也得到一些内部伙伴关系的支持。

气候韧弹性试点计划

气候韧弹性试点计划（PPCR）的资金规模达到 12 亿美元，是气候投资基金的一个融资窗口。气候韧弹性试点计划分为两个阶段，协助各国政府将气候韧弹性纳入跨部门和利益相关方群体的发展规划。重要的是，气候韧弹性试点计划提供额外资金将计划付诸行动，并尝试创新的公共和私营部门解决方案来应对紧迫的气候相关风险。气候韧弹性试点计划的大部分资金被用于发展中国家的城市发展和基础设施投资。

全球可持续城市平台

全球环境基金会在努力促进城市可持续性的同时，认识到快速城市化带来的独特机会，它支持可持续城市计划与发展中国家的市长合作，寻求将城市转变为具有包容性和韧弹性的增长中心。可持续城市计划将在 5 年内投资 15 亿美元，最初涉及巴西、中国、科特迪瓦、印度、马来西亚、墨西哥、巴拉圭、秘鲁、塞内加尔、南非和越南的 23 个城市。其目标是通过更好的城市设计、规划和实施综合模式，促进可持续城市发展，并避免或减少 1 亿多吨 CO_2 的温室气体排放。

城市能源效率转换倡议

该技术援助计划的初步预算为 900 万美元。在世界银行能源部门管理辅助计划（ESMAP）的领导下，该倡议提供支持、帮助确定、开发和调动资金用于城市能源效率转换的投资项目。其活动包括：

⊙ 财务和技术支持；

⊙ 能力建设和电子学习；

⊙ 知识创造和交流。

该倡议以能源部门管理辅助计划（ESMAP）在城市能源效率方面的广泛工作为基础，包括支持能源部门管理辅助计划（ESMAP）的城市利用能源快速评估工具在近 70 个城市进行城市能源评估，协助快速确定潜在的能源效率改进方式，并对表现不佳的部门优先采取干预措施。

灾害风险融资和保险计划（DRFIP）

灾害风险融资和保险计划是发展中国家首选的合作计划，旨在制定和实施全面金融保护策略。2010 年，世界银行集团的金融和市场全球实践部门与全球减灾与恢复基金联合发起一项倡议，旨在提高政府、企业和家庭抵御自然灾害的金融韧弹性。该倡议支持各国政府实施全面的金融保护策略，并将主权灾害风险融资、农业保险、财产灾难风险保险和可扩展社会保护计划结合起来。通常，这也有助于政府与私营部门合作，促进公私伙伴关系。DRFIP 适用的四个主要领域是：

⊙ 主权灾害风险融资；

⊙ 市场发展；

⊙ 分析；

⊙ 知识管理和全球伙伴关系。

尾　注

1） 目前，城市占全球 GDP 的 82%，预计到 2025 年，这一比例将上升到 88%（CCLFA，2015）。

2） 因此，本报告并非增强城市韧弹性的深入指南。本指南已经以多种优秀出版物的形式发表，其中包括：

①构建城市韧弹性：原则、工具和实践（世界银行，2013），http://documents.worldbank.org/curated/en/320741468036883799/pdf/758450PUB0EPI0001300PUBDATE02028013.pdf

②韧弹性建筑规范：加强城市安全的风险管理（全球减灾与恢复基金、世界银行，2015），https：//www.gfdrr.org/sites/default/files/publication/BRR%20report.pdf

③如何增强城市韧弹性：地方政府领导人指南（联合国国际减灾署，2012），http://www.unisdr.org/files/26462_handbookfinalonlineversion.pdf

④将气候变化纳入城市发展策略之中（联合国人居署、联合国环境规划署、世界银行、城市联盟与 HIS，2015），http://unhabitat.org/books/integrating-climate-change-into-city-development-strategies/

⑤地方政府韧弹性袖珍指南（联合国人居署和城市联盟，2015），http://www.citiesalliance.org/sites/citiesalliance.org/files/Resilience%20handbook%20LOW%20RES.pdf

⑥韧弹性城市建设：从风险评估到再开发（Ceres，The Next Practice 和剑桥大学，2013），http://icleiusa.org/wp-content/uploads/2015/06/Building-Resilient-Cities_FINAL.pdf

3） 在出版 Shepherd 等人的研究报告之时（2013 年），极端贫困被定义为每天生活费不到 1.25 美元。

3） 类似于仙台框架中包含的 2009 年联合国国际减灾署的定义："一个暴露在风险下的系统、社区或者社会，能及时有效地抵御、吸收、适应灾难带来的影响，并从中恢复的能力"，韧弹性的定义稍微宽泛，对应表 1.1 包含的更大范围冲击和压力。这包括自然现象、技术危害和社会经济风险产生的压力。

4） 小型和中型城市分别定义为人口在 30 万～50 万以及 50 万～500 万之间的城市。

5） 在世界上人口最多的城市中，有 13 个是沿海贸易中心，它们对全球供应链至关重要，其中许多面临洪水和风暴的威胁。例如，预计达喀尔受风险影响的经济资产规模将从 2005 年的 80 亿美元增加到 5440 亿美元，广州将从 840 亿美元增加到 3.6 万亿美元（联合国人居署、联合国环境署、联合国国际减灾署 2015 年报告与 2013 年报告）。

6） 在碳信息披露项目最近进行的一项调查中，近 70% 的公司受访者对其供应链的业务永续经营风险表示担忧，并进而对气候变化及极端天气事件造成的收入流风险表示担忧（CDP，2013）。超过一半的风险已经影响这些公司，或者将在未来 5 年内影响到这些公司。

7） 根据世界银行的数据，公共投资数据为 2001 年至 2011 年公共投资占国内生产总值的年度百分比平均值。

8） 其中包括：（ i ）获得收入和就业的机会有限；（ ii ）生活条件差和不安全；（ iii ）基础设施和服务差；（ iv ）易受风险影响，特别是与贫困人口窝生活有关的风险；（ v ）制约流动性和运输的空间问题；（ vi ）与社会经济排斥以及犯罪和暴力密切相关的不平等。

9） 非洲开发银行、亚洲开发银行、欧洲复兴开发银行、欧洲投资银行、美洲开发银行、国际货币基金组织和世界银行集团。

10） 说明：原书中缺此条。

11） 随着他们融入城市，这些数字很可能是保守的。因为许多政府不认可或不支持这些群体，所以从被歧视到被当局强行驱逐，存在极大的制约因素。

12）这一点可以从泰国坤敬市 Pralab 郊区的经历中得到说明。城市建成区的扩容增加了洪水风险，Pralab 在 2011 年遭遇特大洪水时，该地区一半以上的人口被疏散并在高速公路沿线的临时住所居住两个月（Promphakping et al.，2016）。

13）例如，拥堵问题导致健康成本和生产力损失，伦敦地区的这一数值约占 GDP 的 1.5%，雅加达为 4.8%，圣保罗为 7.8 %，而北京高达 15%（Gouldson et al.，2015）。

14）影响分析和利用 DesInventar 方法进行的风险分析可以明显得出这一结论。DesInventar 方法收集的灾害数据库中未包括"小"灾害的影响（同上，联合国，2011 年）。（联合国 2011 年报告，2009 年报告）。

15）如果使用基于收入的贫困线，则需要在每个城市或地区对其调整来反映当地非粮食需求的成本。1.25 美元 / 天（按购买力平价调整）不包括许多城市环境中的非食品需求成本。

16）麦肯锡认为，基金经理对"基础设施投资"的实际含义缺乏了解，阻碍投资者在相关战略资产配置水平上审查这一长期投资决策。各种研究论文已经证明资产配置在投资管理中的首要地位，而资产配置决策解释了投资结果的大部分可变性。

17）例子包括韧弹性建筑规范计划、城市强度方法（CityStrength）、财政风险评估、城市风险概况、城市可持续发展气候行动措施和预防性重新安置。

18）例子包括城市能源快速评估方法（TRACE）、城市信用组织、土地清册编制以及作为公交主导发展一部分的土地价值获取。

19）http://cityresilience.org/CRPP

20）http://resilient-cities.iclei.org/resilient-cities-hub-site/resilience-resource-point/glossary-of-key-terms/

21）https : //www.gov.uk/government/uploads/system/uploads/attachment_data/file/186874/definingdisaster-resilience-approach-paper.pdf

22）https://www.rockefellerfoundation.org/our-work/topics/resilience/

23）http://s-media.nyc.gov/agencies/sirr/SIRR_singles_Lo_res.pdf

24）http://www.resilientcity.org/index.cfm?pagepath=Resilience&id=11449

25）http://www3.weforum.org/docs/Media/TheGlobalRisksReport2016.pdf

26）http://resilient-cities.iclei.org/fileadmin/sites/resilientcities/ files/Frontend_user/Report-Financing_Resilient_ City-Final.pdf

27）http://reliefweb.int/sites/reliefweb.int/files/resources/USA IDResiliencePolicyGuidance Document.pdf

28）http://www.100resilientcities.org/resilience#/-_/

29）http://www.resalliance.org/resilience

30）核心项目主要基于城市地区。

31）非核心项目或是部分位于城市地区，或是国家/区域规模的韧弹性项目。

32）多边投资担保机构能够为政府贷款提供担保，前提条件是，所担保贷款属于以商业条件提供的贷款。

33）公共私营基础设施咨询机构（PPIAF）是一个多方捐助的项目准备基金，旨在帮助发展中国家和中等收入国家的政府与私营部门合作开发基础设施项目。

参考文献

Archer, Diane. 2012. Finance as the key to unlocking community potential: savings, funds and the ACCA programme. Manchester: Environment and Urbanization.

Ayers. 2011. "Resolving the adaptation paradox: Exploring the potential for deliberative adaptation policymaking in Bangladesh." Global Environmental Politics 11 (1): 62-88. doi:10.1162/GLEP_a_00043.

Baker, J. 2012. Climate Change, Disaster Risk, and the Urban Poor: Cities Building Resilience for a Changing World. Washington DC: World Bank. https://openknowledge. worldbank.org/handle/10986/6018 License: CC BY 3.0 IGO."

Bartlett, S., and D.Satterthwaite, 2016. Cities on a Finite Planet; Towards Transformative Responses to Climate Change. London: Routledge.

Bhattacharya A., J. Oppenheim and N. Stern. 2015. "Driving sustainable development through better infrastructure: Key elements of a transformation program." Working paper 91 , Brookings Institution,Global Commission on the Economy and Climate,New Climate Economy and Grantham Research Institute on Climate Change and the Environment. https://www.brookings.edu/wpcontent/ uploads/2016/07/07-sustainable-development-infrastructure-v2.pdf.

Bilham, R. 2009. "The Seismic Future of Cities." Bulletin of Earthquake Engineering: Official Publication of the European Association for Earthquake Engineering (Springer Netherlands) 7 (4). doi:10.1007/s10518-009-9147-0.

Brown, A., Dayal, and C. Rio, 2012. "From practice to theory: Emerging lessons from Asia for building urban climate change resilience." Environment and Urbanization, October.

Birkmann, J., T. Welle, W. Solecki, S. Lwasa, and M. Garschagen. 2016. "Boost resilience of small and mid-sized cities." Nature 537.

Brugmann, Jeb. 2011. Financing the Resilient City. Toronto: ICLEI.

Briceño-Garmendia, Cecilia, Karlis Smits, and Vivien Foster. 2008. "Financing Public Infrastructure in Sub-Saharan Africa: Patterns, Issues, and Options." AICD Background Paper 15, Africa Infrastructure Sector Diagnostic, World Bank, Washington, DC.

Carmin, JoAnn, Nikhil Nadkarni, and Christopher Rhie. 2012. "Progress and Challenges in Urban Climate Adaptation Planning: Results of a Global Survey." Urban Studies and Planning, Massachusetts Institute of Technology, Cambridge, M.

Carruthers, J, and G Ulfarsson. 2003. "Urban sprawl and the cost of public services." Sage; Environmental Planning B: Planning and Design 30 (4 503-522).

CCFLA. 2015. State of City Climate Finance 2015. New York: Cities Climate Finance Leadership Alliance (CCFLA).

CCFLA. 2015. State of City Climate Finance 2015. Cities Climate Finance Leadership Alliance.

Chelleri, L, J Waters, M Olzabal, and G Minucci. 2015. "Resilience trade-offs: addressing multiple scales and temporal aspects of urban resilience." Environment and Urbanization 27 (1). doi:10.1177/0956247814550780.

City and County of San Francisco. 2014. "2014 Earthquake Safety and Emergency Response Bond: Safeguarding San Francisco." San Francisco.

Climate Policy Initiative. 2015. The Global Landscape of Climate Finance 2015. CPI, Venice.

2014. DC Stormwater Credits. September. http://doee.dc.gov/src.

Da Silva. 2012. "Shifting agendas: response to resilience. The role of the engineer in disaster risk reduction,." 9th Brunel International Lecture Series, The Institution of Civil Engineers. London. 43.

DFID. 2004. "Disaster risk reduction: a development concern." A scoping study on links between disaster risk reduction, poverty and development, Overseas Development Group, School of Development Studies, Norwich, UK.

Dirie, Ilias. 2005. Municipal Finance: Innovative Resourcing for Municipal Infrastructure and Service Provision. Municipal Finance.

Dodman, D, and D Mitlin. 2011. "Challenges for community-based adaptation: discovering the potential for transformation. Journal of International Development." International Development 25(5): 640-659.

Donner, William, and Havidan Rodriguez. 2008. "Population Composition, Migration and Inequality: The Influence of Demographic Changes on Disaster Risk and Vulnerability." Social Forces.

Ebi, K. 2008. "Adaptation costs for climate change-related cases of diarrhoeal disease, malnutrition, and malaria in 2030." Globalization and Health (Globalization and Health).

Elmqvist T., M. Fragkias et al. 2013. Urbanization, Biodiversity and Ecosystem Services: Challenges and Opportunities. Global Assessment report - A Part of the Cities and Biodiversity Outlook Project, New York London: Springer Dordrecht Heidelberg.

Escribano, Alvaro, J. Luis Guasch, and Jorge Pena. 2008. Impact of Infrastructure Constraints on Firm Productivity in Africa. Washington DC: Infrastructure Sector Diagnostic, World Bank.

Garrido, Olga Calabozo, interview by Christopher Chung, Puja Guha and Swati Sachdeva. 2016.

GFDRR. 2016. "The making of a riskier future." Washington DC. GFDRR. 2016b. "DRM and CCA co-benefits portfolio analysis FY12-16."

Gouldson, A., S. Colenbrander, A. Sudmant, N. Godfrey, J. Millward-Hopkins, W. Fang, and X. Zhao. 2015. Accelerating Low-Carbon Development in the World's Cities: Seizing the Global Opportunity-Partnerships for Better Growth and a Better Climate. Working Paper, London and Washington DC: New Climate Economy.

Gray, David, and Claudia Sadoff. 2006. "Water for Growth and Development: A Framework for Analysis." Theme Document of the 4th World Water Forum. Mexico City.

Gray, R. David, and John Schuster. 1998. "The East Asian Financial Crisis - Fallout for Private Power Projects." Public Policy for the Private Sector.

Hallegatte S., C. Green, R. Nicholls, and J. Morlot. 2013. "Future flood losses in major coastal cities." Nature Climate Change.

Hallegatte, S., M. Bangalore, L. Bonzanigo, M. Fay, T. Kane, U. Narloch, J. Rozenberg, D. Treguer, and A. Schilb. 2015. Shock Waves: Managing the Impacts of Climate Change on Poverty. Washington, DC: World Bank.

Hardoy, J., D. Mitlin, and D. Satterthwaite. 2001. Environmental Problems in an Urbanizing World: Finding Solutions for Cities in Africa, Asia and Latin America. lONDON: Earthscan.

Heathcote, Christopher. August 2016. "Sending the Right Infrastructure Message: How governments can encourage private-sector infrastructure investment." Global Infrastructure Initiative. McKinsey & Company. http://www.mckinsey.com/industries/ capital-projects-and- infrastructure/our-insights/ sending-the-right-infrastructure-message.

Hicks, Chelsea. 2015. Mental Health and Urban Resilicnce. July 10. http:// www.100resilientcities.org/blog/entry/mental-health-urban- resilience#/-_/.

Hoeppe, Peter. "Trends in weather related disasters – Consequences for insurers and society" Weather and Climate Extremes. Volume 11, March 2016, Pages 70-79.

Hope, K.R. Sr. 2009. "Climate Change and Poverty in Africa." International Journal of Sustainable Development & World Ecology.

Howden, S. Mark, Jean-Francois Soussana, Francesco Tubiello, Netra Chhetri, Michael Dunlop, and Holger Meinke. 2007. Adapting agriculture to climate change. Proceedings of the National Academy of Sciences of the United States of America.

Ibish, Hussein. 2012. "Was the Arab Spring Worth It?" Foreign Policy Magazine.

IDB. 2016. Transfers for Development. http://www.iadb.org/en/topics/ remittances/ remittances/transfers-fordevelopment, 1551.html.

IFC. n.d. Blending Donor Funds for Climate-Smart Investments. Accessed September 12, 2016. http:// www.ifc.org/wps/wcm/connect/ topics_ext_content/ifc_external_ corporate_site/cb_home/ mobilizing+climate+finance/blendedfinance.

—. 2013a. IFC: A Global Leader in Local Capital Market Development. November. Accessed September 12, 2016. http://www.ifc.org/wps/ wcm/connect/Topics_Ext_ Content/IFC_External_Corporate_Site/ IFC+Finance/Our+Finance+Products/ Local+Currency+Financing/.

IFC. 2013. "Mobilizing Public and Private Funds for Inclusive Green Growth Investment in Developing Countries." A Stocktaking Report Prepared for the G20 Development Working Group.

IMF. 2014. Is it Time for an Infrastructure Push? The Macroeconomic Effects of Public Investment. Washington DC: IMF.

IntellCap. 2010. "Opportunities for Private Sector in Urban Resilience Building." IntellCap. https://wbg.app.box. com/files/0/ f/8542337641/1/f_71313590673.

Invesco. 2016. "Invesco Global Sovereign Asset Management Study." Working study.

Jabeen, H. Allen, and C. Johnson. 2010. "Built-in resilience: learning from grassroots coping strategies to climate variability." Environment and Urbanization, 415-431.

Jha, K. Abhas, R. Bloch, and J. Lamond. 2013. Cities and Flooding: A Guide to Integrated Urban Flood Risk Management for the 21st Century. Washington DC: World Bank and GFDRR.

Johnson, C., and S. Blackburn. 2014. "Advocacy for urban resilience; UNISDR's Making Cities Resilient Campaign." Environment and Urbanization 26 (1): 29-52.

Junghans, Lisa, and Lukas Dorsch. 2015. Finding the Finance: Financing Climate Compatible Development in Cities. Bonn: Germanwatch.

Kawarazuka, N. 2016. "Building a resilient city for whom? Exploring the gendered processes of adaptation to change: a case study of street vendors in Hanoi." ACCR working paper 34. http://pubs.iied. org/10786IIED.html?k=acccrn.

Kithiia, J. 2011. "Climate change risk responses in East African cities: need, barriers and opportunities."Current Opinion in Environmental Sustainability, 176-180. doi:10.1016/j.cosust.2010.12.002.

Kithiia, Justus. 2010. "Old notion – new relevance: setting the stage for the use of social capital resource in adapting East African coastal cities to climate change." International Journal of Urban Sustainable Development Page 17-32. doi:http://dx.doi.org/10.1080/19463131003607630.

Kiunsi, Robert. 2016. Cities on a Finite Planet: Towards transformative responses to climate change. Edited by David Satterthwaite Sheridan Bartlett. London: Routledge.

Linard, C., J. Tatem, and M. Gilbert. 2013. "Modelling spatial patterns of urban growth in Africa." Science Direct: Applied Geography 44: 23-32.

Lwasa, S., F. Mugagga, B. Wahab, D. Simon, J. Connors, and C. Griffiths. 2014. "Urban and peri-urban agriculture and forestry: Transcending poverty alleviation to climate change mitigation and adaptation." Urban Climate 7. doi:10.1016/j.uclim.2013.10.007.

Lwasa, Shuaib. 2010. "Adapting urban areas in Africa to climate change: the case of

Kampala." ScienceDirect - Current Opinion in Environmental Sustainability 2 (3): 166-171. doi:http://dx.doi.org/10.1016/j. cosust.2010.06.009.

Maurer, Luiz, interview by Valerie Joy-Santos and Puja Guha. 2016. (March).

McKinsey. 2015b. "Rethinking Infrastructure: Voices from the Global Infrastructure Initiative."

McKinsey. 2015. "Making the most of a wealth of intrastructure finance."

McKinsey Global Infrastructure Initiative. McKinsey. 2015. New Horizons for Infrastructure Investing. Rethinking

Infrastructure. McKinsey. 2015. New Horizons for Infrastructure Investing. McKinsey. Meiro-Lorenzo,Montserrat, interview by Valerie Joy-Santos. 2016. (June).

Mérida, M., and A. Gamboa. 2015. "Pobreza en México: Factor de vulnerabilidad para enfrentar los efectos delcambio climático." Revista Iberoamericana de Bio-economía y Cambio Climático 1 (2): 1-19.

Merlinsky, M. Tobias, and M. Ayelén. 2015. "Inundaciones en Buenos Aires. Cómo analizar el componente institucional en la construcción social del riesgo?" L'Ordinaire des Amériques 218: 16.

Mitlin, D., and D. Satterthwaite. 2013. Urban Poverty in the Global South: Scale and Nature. London: Routledge.

Moser, C. 2007. "Asset accumulation policy and poverty reduction." In Reducing Global Poverty: The Case for Asset Accumulation, 83-103. Washington DC: Brookings Institution Press.

Moser, C. 2006. "Assets, livelihoods and social policy - Assets, Livelihoods and Social Policy." (World Bank and Palgrave).

Muir, Russell, interview by Valerie Joy-Santos and Puja Guha. 2016. (March). Munich Re. 2010. "Geo Risks Research, NatCatSERVICE." Munich.

Munich Re. 2012. "Münchener Rückversicherungs-Gesellschaft, Geo Risks Research, NatCatSERVICE, from presentation entitled "Natural catastrophes in economies at different stages of development.""

OECD. January 2015. "Fostering Investment in Infrastructure."

Olsson, A., H. Thoren, J. Persson, and D. O'Byrne. 2015. "Why resilience is unappealing to social science: Theoretical and empirical investigations of the scientific use of resilience." Science Advances 1(4).

Patel, S. 1990. "Street children, hotels boys and children of pavement dwellers and construction workers in Bombay: how they meet their daily needs." Environment and Urbanization 2 (2): 9-26.

Pelling, M. 2003. The Vulnerability of Cities: Natural Disasters and Social Resilience. London: Earthscan from Routledge.

Price Waterhouse Cooper. 2014. "Unlocking investment in infrastructure."

Promphakping, B., Y. Inmuong, W. Photaworn, M. Phongsiri, and K. Phatchanay. 2016. "Climate change and urban health vulnerability." ACCR working paper 31. http://pubs. iied.org/10774IIED.html?k=acccrn.

Pulido, Daniel, and Georges Darido, interview by Christopher Chung, Valerie Joy-Santos and Puja Guha. 2016. (April).

Revi, A., D. Satterthwaite, F. Durand, J. Morlot, R. Kiunsi, M. Pelling, D. Roberts, W. Solecki, S. Gajjar, and A. Sverdlik. 2014. 8. Urban areas - Climate Change 2014: Impacts, Adaptation, and Vulnerability. Part A:Global and Sectoral Aspects. Contribution of Working Group II to the Fifth Assessment Report of the Intergovernmental Panel on Climate Change. Cambridge, United Kingdom and New York,NY,USA: Cambridge University Press.

Romero, P., H. Qin, and K. Dickinson. 2012. "Urban vulnerability to temperature- related hazards: A metaanalysis and meta-knowledge approach." Global Environmental Change 22 (3): 670-683.

Roy, M. Hulme, and F. Jahan. 2013. "Contrasting adaptation responses by squatters and low-income tenants in Khulna, Bangladesh." Environment and Urbanization 25 (1).

Rozenberg, J., and S. Hallegatte. 2015. The Impacts of Climate Change on Poverty in 2030 and the Potential from Rapid, Inclusive, and Climate- Informed Development. Policy Research Working Paper 7483, Washington, D.C: World Bank.

Satterthwaite, D. 2016b. "Missing the Millennium Development Goals targets for water and sanitation in urban areas." Environment and Urbanization, April.

Satterthwaite, D. 2013. "The political underpinnings of cities' accumulated resilience to climate change." Environment and Urbanization 25 (2): 381-391.

Seto, K., M. Fragkias, B. Güneralp, and M. Reilly. 2011. "A Meta-Analysis of Global Urban Land Expansion." PLOS 6 (8, E23777). http://dx.doi.org/10.1371/ journal. pone.0023777 .

Seto, K., S. Dhakal, A. Bigio, H. Blanco, G. Delgado, D. Dewar, L. Huang, et al.. 2014. Human Settlements, Infrastructure and Spatial Planning In: Climate Change 2014: Mitigation of Climate Change. Contribution of Working Group III to the Fifth Assessment Report. Cambridge, United Kingdom and New York, NY, USA: Cambridge University Press.

Shepherd, A., T. Mitchell, K. Lewis, A. Lenhardt, L. Jones, L. Scott, and R. Wood. 2013. "The geography of poverty, disasters and climate extremes in 2030." Overseas Development Institute (ODI),UK Met Office and Risk Management Solutions (RMS).

Sitathan, Tony. 2003. Singapore's economy: SARS gloom and doom. Asia Times Online.

Stenek, Vladimir, interview by Christopher Chung and Puja Guha. 2016.

Swiss Re. 2014. "Mind the risk: A global ranking of cities under threat from natural disasters."

Tanner, T., S. Surminski, E. Wilkinson, R. Reid, R. Rentschler, and S. Rajput. 2015. The Triple Dividend of Resilience: Realising development goals through the multiple benefits of disaster risk management. London: Global Facility for Disaster Reduction and Recovery (GFDRR) at the World Bank and Overseas Development Institute(ODI). www.odi.org/ tripledividend.

The Lancet Commissions. 2013. Global health 2035: a world converging within a generation. The Lancet Commissions.

UN DESA. 2014. "World Urbanization Prospects: The 2014 Revision, Highlights."

UN Habitat. 2009. "Guide to Municipal Finance." Nairobi.

UN Habitat. 2016. Habitat III: New Urban Agenda (Draft). July 28.

UN-Habitat. 2016b. "World Cities Report 2016: Urbanization and Development; Emerging Futures, United Nations Human Settlements Programme." Nairobi, 247.

UN-Habitat,UNEP and UNISDR. 2015. "Urban Resilience." Habitat III Issue paper, New York. http://unhabitat. org/wp-content/uploads/2015/04/ Habitat-III-Issue-Paper-15_ Urban-Resilience-2.0.pdf.

UNICEF and WHO. 2015. "Progress on Sanitation and Drinking Water[*]

UNISDR. 2013. Global Assessment Report on Disaster Risk Reduction 2013,From Shared Risk to Shared Value: The Business Case for Disaster Risk Reduction. Geneva, Switzerland: United Nations Office for Disaster Risk Reduction (UNISDR).

UNISDR. 2015a. Global Assessment Report on Disaster Risk Reduction. Making Development Sustainable: The Future of Disaster Risk Management. Geneva, Switzerland: United Nations Office for Disaster Risk Reduction (UNISDR).

United Nations. 2009. "Global Assessment Report on Disaster Risk Reduction: Risk and

---

* 译者注：英文原文如此，建议引用时先咨询作者。

Poverty in a Changing Climate." ISDR, United Nations, Geneva, 207.

United Nations. 2011. Revealing Risk, Redefining Development: The 2011 Global Assessment Report on Disaster Risk Reduction. Geneva: United Nations International Strategy for Disaster Reduction, 178.

Weltz, J. Krellenberg, and K. Muzzio. 2016. " Vulnerabilidad frente al cambio climático en la Región Metropolitana de Santiago de Chile: posiciones teóricas versus evidencias empíricas." Vols. 42,Nbr. 125. EURE. 251- 272.

World Bank. 2014a. "An expanded approach to Urban Resilience :Making Cities Stronger." Washington DC.

World Bank and AFD. 2010. Africa's Infrastructure: A time for transformation. Washington DC: World Bank.

World Bank. 2008. "Daiwa Securities Group offers the first CER-Linked Uridashi Bond Created in Collaboration with the World Bank ." World Bank Treasury. June 9. http:// treasury.worldbank.org/cmd/htm/CO2LBond.html.

World Bank. 2015a. "Doing Business 2015: South Africa."

World Bank. 2012. "Financial Risk Management Instruments." http://pubdocs. worldbank. org/en/191551428418817665/FFD-risk-management.pdf.

World Bank Global Infrastructure Facility. 2015. Global Infrastructure Facility 2015. Washington DC: World Bank.

World Bank. 2016d. "Global Program for Safer Schools." Washington DC.

World Bank. 2014b. Green and Resilient Cities: The Energy Dimension. Washington DC: World Bank.

World Bank. 2012. "Helping Morocco Mitigate Currency Risk on Liabilities Owed to a Third Party." World Bank. http://treasury.worldbank.org/ bdm/pdf/Case_Study/Morocco_ NonIBRDHedge_2015.pdf.

World Bank. 2012. "Helping Small Island States Cope in the Aftermath of Natural Disasters." http://treasury. worldbank.org/bdm/pdf/Case_ Study/Pacific_Islands_ PCRFIpilot_2015.pdf.

World Bank. 2015b. "JP-GFDRR Mainstreaming DRM in Peru's Education Sector (TF018246): Implementation Status Report."

World Bank. 2011. Project Appraisal Document: Regional Disaster Vulnerability Reduction Projects. World Bank.

World Bank. 2012. "Results-Based Financing Instruments." http://pubdocs. worldbank.org/ en/133401428418817245/FFD-results-based-financing. pdf.

World Bank. 2016a. "Strengthening City Resilience in Ethiopia: Review of Building Regulatory Framework."

World Bank. 2016c. "Uruguay Partners with the World Bank to Reduce its Exposure to Oil Price Volatility."June. http://www.worldbank.org/ en/news/press-release/2016/06/15/ uruguay-se-asocia-con-bancomundial-para-reducir-su-exposicion-a-volatilidad-del-precio-del- petroleo.

World Bank. 2016b. World Bank Approach and Plan of Action for Climate Change and Health. Washington, DC:World Bank.

World Bank. 2009. World Development Report 2010: Development and Climate Change. Washington, DC: World Bank.

World Bank. 2016e. City Strength Diagnostic in the Greater Accra Metropolitan Area (GAMA) (Draft Document 1) - Pre-Diagnostics Report.

World Bank. 2016f. Vietnam - Can Tho Urban Development and Resilience Project. Washington, DC: World Bank Group. http://documents. worldbank.org/curated/ en/316951467987903833/Vietnam-Can- Tho-Urban- Development-and-Resilience-Project.

World Bank. 2016g. Istanbul Seismic Risk Mitigation and Emergency Preparedness project. Implementation Completion Report (IBRD- 47840 and IBRD-80330). SURR GP,Turkey Country Management Unit, ECA : World Bank Group. Report No: ICR00003698.http:// www.wds.worldbank.org/external/ default/WDSContentServer/ WDSP/IB/2016/06/30/090 224b08441aa4e/1_0/Rendered/PDF/ Turkey000Seismic0Risk0Mitigation0Project.pdf.

World Bank. 2015c. Brazil - Belo Horizonte Inclusive Urban Development Policy Loan Project. Washington, DC: World Bank Group. http:// documents.worldbank.org/curated/ en/895071467986288007/Brazil- Belo-Horizonte-Inclusive- Urban-Development-Policy-Loan- Project.

World Bank. 2016h. Safe and Resilient Cities in Ethiopia - City Strength Diagnostics in Nine Regional Capitals & Dire Dawa City Administration (Draft copy).

World Bank. 2016i. Comprehensive Urban Resilience Masterplan for the City of Beirut Report.

Zolli, Andrew. 2012. "Learning to bounce back." www.nytimes.com. November 02. http:// www.nytimes. com/2012/11/03/opinion/forget-sustainability- its-about-resilience. html?_r=0.